ユーザーと「両想い」になるための

愛されるWebコンテンツの作り方

成田 幸久 [著]

本書のサポートサイト

本書の補足情報、訂正情報などを掲載しています。適宜ご参照ください。

http://book.mynavi.jp/supportsite/detail/9784839961152.html

● 本書は2017年1月段階での情報に基づいて執筆されています。
本書に登場するソフトウェアやサービスのバージョン、画面、URLなどの情報は、
すべて原稿執筆時点でのものです。
執筆以降に変更されている可能性がありますので、ご了承ください。

● 本書に記載された内容は、情報の提供のみを目的としています。
したがって、本書を用いての運用はすべてお客さま自身の責任と判断において行ってください。

● 本書の制作にあたっては正確な記述につとめましたが、
著者や出版社のいずれも、本書の内容に関して何らかの保証をするものではなく、
内容に関するいかなる運用結果についても一切の責任を負いません。あらかじめご了承ください。

● 本書中の会社名や商品名は、該当する各社の商標または登録商標です。
本書中ではTMおよびRマークは省略しています。

はじめに

ハートのないコンテンツマーケティング

　コンテンツマーケティングというキーワードがWeb業界に広がり始めてから、約5年が経ちました。コンテンツマーケティングに関する書籍も数多く書店に並び、Web上でもコンテンツマーケティングに関する記事があちこちで見られるようになりました。

　しかし、コンテンツマーケティングといっても、骨組みの話ばかりで、肝心のハート(心臓)に触れた話がほとんど見当たりません。コンテンツマーケティングについては多く語られど、そのハートの重要性については語られていないのです。「仏作って魂入れず」です。仏像を作っても、制作者が魂を入れなければ単なる木や石でしかありません。ユーザー(読者・消費者)は、木や石がほしいのではありません。それが仏像だから、意味を見出し、心を動かされるのです。

　検索で上位表示だけを狙って記事を大量生産し、集客に成功して、広告収入を得ても、それは結局のところ木や石でしかないのです。そこにはコンテンツ制作者のハートは皆無です。ユーザーとの信頼関係は決して築けないのです。

価値のあるコンテンツを作るための「愛」と「志」

　本書は、コンテンツマーケティングに関するマニュアル本ではありません。私は、本書において「愛されるコンテンツ」、すなわち、コンテンツに注入すべき「愛」と「志」について語りたいと考えています。「愛されるコンテンツ」とは、人の心を動かすコンテンツのことです。私たちは、なぜ映画やドラマを観たり、本を読んだり、音楽を聴いたり、スポーツ観戦したりするのでしょうか。それを通じて、共感し、感動し、心を動かされたいからです。

　本書は、そういった「心を動かす、愛されるコンテンツ」を作るための心構えと段取りがテーマです。それが「コンテンツマーケティングとは、すなわち愛である」の本旨なのです。

2017年2月

成田幸久

Contents

Chapter 1　コンテンツマーケティングに愛が求められる理由　001

1-1	恋人のように ～Like a Lover～	002
1-2	あなたは誰？	007
1-3	誰のため？	013
1-4	情けは人の為ならず	016

Chapter 2　コンテンツに愛と志を注入する方法　021

2-1	猫のごとく	022
2-2	独自性	025
2-3	シンプル	029
2-4	意外性	033
2-5	正直者	036
2-6	具体性	040
2-7	舞台裏	044
2-8	エンターテインメント	048
2-9	話題性	054
2-10	課題解決	057
2-11	継続	060
2-12	ストーリー	064
Interview	［コンテンツ侍に訊く！］小林弘人	072

Chapter 3　コンテンツ力を鍛える発想法　081

3-1	変態	082
3-2	反逆	085
3-3	障壁	089

3-4	飛躍	093
3-5	連想	096
3-6	描写	101
3-7	合体	105
Interview	［コンテンツ侍に訊く！］尾田和実	109

Chapter 4 コンテンツ制作に必要な7つの力　117

4-1	企画力	118
4-2	ディレクション力	123
4-3	進行管理	127
4-4	キャスティング	131
4-5	品質管理	135
4-6	情報収集	139
4-7	顧客折衝	145
Interview	［コンテンツ侍に訊く！］清田いちる	149

Chapter 5 読まれる文章には理由がある　157

5-1	比喩はコンテンツに彩りを添え、理解を深める	158
5-2	美辞麗句は醜い厚化粧？	162
5-3	タイトルは寸止めで	165
5-4	難しい言葉はできるだけやさしく	169
5-5	削れ！削れ！削れ！	171
5-6	構造化してみる	177
Interview	［コンテンツ侍に訊く！］谷口マサト	180

v

Chapter 6 知らぬは損だが役に立つ Webコンテンツの真実 189

6-1	コンテンツの4つの型	190
6-2	ニーズとシーズからコンセプトを導く	198
6-3	エバーグリーンコンテンツが求められる理由	204
6-4	コンテンツの質を見極める	211
6-5	コンテンツマーケティングが失敗する5つの理由	216
6-6	パートナーの選び方	222
6-7	PV数を増やす方法と、その落とし穴	225
6-8	コンテンツの有効活用	232
6-9	コンテンツマーケティングが広告ではない理由	238
6-10	Webの原稿料はなぜ安いのか	242
6-11	ハイブリッドライターが求められる理由	248
6-12	Googleのアドバイスに耳を傾けよう	256

INDEX 260

Chapter 1
コンテンツマーケティングに愛が求められる理由

愛のないコンテンツに未来はありません。愛（信頼関係）を育むためには「自分を知り、相手を知り、相手に尽くす」ことが必要最低条件です。本章では、コンテンツマーケティングを実施するにあたって、抑えておきたい「自分を知り、相手を知り、相手に尽くす」方法について解説します。

1-1

恋人のように 〜Like a Lover〜

コンテンツマーケティングとは、すなわち愛である

　私がコンテンツマーケティングをテーマにセミナーを初めて開催したのは、2012年の夏でした。以来、ずっと「コンテンツマーケティングとは、すなわち愛である」と主張し続けてきました。

　では、なぜ「愛」なのでしょうか？　そもそもコンテンツマーケティングとは何なのでしょうか？　最もシンプルに定義付けをすると、次のようになります。

> コンテンツマーケティングとは、ターゲットにとって価値のあるコンテンツを、適切なタイミングで届け、ターゲットを惹きつけ、信頼関係を築き、購買に結びつけることを目的とする。

　コンテンツマーケティングを「愛」に置き換えてみましょう。

> 愛とは、好きになった人にとって価値のある自分を、適切なタイミングでアプローチし、相手を惹きつけ、信頼関係を築き、愛（恋愛・結婚）に結びつけることを目的とする。

　どうですか？　まったく同じことを言っていますね。つまり、コンテンツマーケティングを施策する企業は、ユーザーに片想いをしているようなものなのです。マーケティングは、商品やサービスをお金に換えるためのビジネス手法です。しかし、そこには必ず人と人とのコミュニケーションが介在します。すなわち、コンテンツマーケティングは、コンテンツを通して、人と人とがコミュニケーションを図り、信頼関係を築く作業といえます。

002　　**1　コンテンツマーケティングに愛が求められる理由**

では、ユーザーとコミュニケーションを図って、両想いになるにはどうすればよいでしょうか。まずは、私たち企業（コンテンツ発信者）を、次のように3種類のタイプに分けてみます。

１ 放っておいても愛される人

　いい商品やサービスを持っていて、すでにそれがブランド化している人です。

２ 根本的に愛されない人

　そもそも商品やサービスがひどく、どんなに自己アピールしても嫌われるだけの人です。あなたの周囲でも合コンや会社でときどき見かけるに違いありません。

３ ステキなのに愛されない人

　いい商品やサービスを持っているのに、アピールの仕方が下手で魅力がうまく伝えられなかったり、誤解されたりする人です。最初はイヤな感じだったのに、長くつきあっていたら意外といい人だったってこと、ありますよね。

　コンテンツマーケティングは、この「ステキなのに愛されない人」に効果を発揮します。「根本的に愛されない人」は、残念ですが商品やサービスを根本的に見直すべき企業なので、コンテンツマーケティングという手法を使っても成果は見込めません。
　では、「ステキなのに愛されない人」は、どうすればよいのでしょうか。自分は何ができる！これが得意だ！という一方的な自己アピールだけでは、なかなか愛されるようにはなりません。愛されるためには、徹底した相手目線からのコンテンツ発信が必要です。これは男女の関係とまったく同じです。「最高の話し上手は聞き上手」とよくいわれることですが、「聞き上手」とは相手のニーズ（求めること）を、どれだけ真摯に聞いて理解してあげるかということに尽きます。
　つまり、次の図のような「ステキなのにモテない人」から「ステキだからモテる人」への変化が求められるのです。

恋人のように 〜Like a Lover〜　　003

　このように、オレ様視点の一方通行のコンテンツをユーザー視点のコンテンツに変換することが、コンテンツマーケティングの果たす最大の役割なのです。

コンテンツマーケティングのメリット

　では、好きな人と相思相愛になるために、コンテンツマーケティングを実施するメリットをもう少し見てみましょう。ここでは合コンに参加したシーンを想像してください。

1 あなたに好意をもった人だけが訪れる

　あなたは自分を好きになってほしい人に向けてコンテンツを発信するので、そのコンテンツを求める人だけに効率よく訪問してもらうことができます。あなたの提供するコンテンツに興味がない人がたまたまキーワード検索の結果から勘違いして迷い込むことはありますが、あなたが適切なコンテンツを提供している限りは、基本的にはそれを求める人しか訪れません。

2 アプローチしたい人だけに絞れる

　八方美人という言葉があるように、みんなに愛されようと欲張る人は誰にも愛されません。広告は不特定多数に広く浅く告知をすることが得意ですが、コンテンツマーケティングは、特定の人に焦点を当てて情報を伝えることが強みです。あなたがアプローチしたい人だけに絞り込んで、そのターゲットと関連性の高いコンテンツを配信することで、狙った人だけを獲得できます。

3 あなたの優位性をアピールできる

　そもそもあなたに興味・関心をもった人が訪問するので、ユーザーの好みに合わせて自分の強みやオリジナリティを訴求できます。数撃ちゃ当たるだろうと100人が集まる合コンに参加するよりも、同じ趣味を持った人だけが集まる10人規模の催しのほうが出逢いや意気投合する確率は上がるはずです。それと同じことです。出逢った相手が興味のある話題を提供することができれば、さらに有利に働くことは間違いないでしょう。

4 あなたの評判が拡散する

　しっかり時間をかけて、あなたというコンテンツの魅力を十分伝えていくことができれば、やがてあなたに共感する人たちがクチコミであなたの評判を広げてくれ

恋人のように 〜Like a Lover〜　　005

ます。あなたのコンテンツはオウンドメディアを拠点に蓄積していくことで、継続的かつ永続的に拡散しやすい構造が作れます。

5 あなたをどう思っているかがわかる

　オウンドメディアを拠点にコンテンツを蓄積していくと、訪れたユーザーの特性や好みなどが正確に解析できるため、狙いたいターゲットが何に興味・関心を持っているかを把握できます。そして、さらにターゲットが求めるコンテンツの精度と濃度を高めることができます。

　いいことづくめですね。ただし、ここで留意しておくべきことがあります。それは、コンテンツマーケティングで成果を出すには、ある程度の時間がかかるということです。コンテンツマーケティングには地道な努力と愛が求められます。長く深く愛しあうことを得意とするのがコンテンツマーケティングであり、そのために求められるのが「愛されるコンテンツ」の提供なのです。

コンテンツマーケティングも愛も、人と人との信頼関係の構築という意味ではまったく同じです。

1-2

あなたは誰？

あなた自身を赤裸々にさらけ出す

あなた（あなたの会社）のWebサイトをユーザー（読者・消費者）に定期的に訪問してもらって最終的に愛されるためには、まず「あなたが誰か」ということを明確に宣言しなければなりません。

あなたは何を目的にコンテンツを作ろうとしていますか？　ユーザーに愛されるためには、まずあなたがどんなことができて、ユーザーにどんな価値を与えられるかを表明しなければならないのです。その場合、あなたの「よいところ」だけを取り繕って一方的に伝えても、すぐに信用はしてもらえません。そして、それはコンテンツマーケティングの役割でもないのです。テレビショッピングや情報商材の通販などは、できるだけ露出を多くして「よいところ」だけを徹底的にアピールして、「今だけだよ！」と衝動的に商品を買わせる手法です。それは、信頼よりも欲望を喚起させることを主とし、甘い誘惑で一回切りのつきあいで終わることをも辞さない手法です。

一方、コンテンツマーケティングは、そのような手法が通じない（あるいは忌避する）ターゲットを対象とした施策です。あなたの会社の商品やサービスが、イナゴの大移動のごとく、一度食い荒らしたら、場所を変えながら次のターゲットを開拓していくというビジネス戦略であれば、コンテンツマーケティングを実施する必要はありません。

コンテンツマーケティングでは、まずあなたの会社が信頼に足る企業なのか、その素性を明らかにしなければなりません。それは、売り上げや規模、商品の性能や価格といったスペックではなく、あなたの会社が相手にとってどんな利益をもたらすことができるのか、何をしてあげられるのかを立証することです。

発信するコンテンツが、たとえばクラウドソーシングを使った誰が書いたのかわからない匿名のものであったら、誰があなたの会社に共感するでしょうか。そのとき、あなたの会社の意識はターゲットではなくGoogleを向いていませんか？　広告主を向いていませんか？　キーワード検索で上位を狙うばかりに、最大公約数のコンテンツの大量生産をしていませんか？　あなたの会社が求めるユーザーは、行きずりの見知らぬ訪問者ですか？　それとも、あなたの会社を求めて訪問する人ですか？

あなたは誰？　　007

きっと、この本を手にしているあなたは、ユーザーと信頼関係を築き、長く深くつきあっていきたいと考えているはずです。企業がターゲットに振り向いてほしければ、==あなたの会社が市場でどんな立ち位置にいて、どんな役割を果たせるのか、客観的に把握する必要があります==。そのためにやっておきたいのが、==SWOT分析とポジショニングマップ==です。

SWOTで自身を客観的に分析する

　SWOT分析は、「Strengths（強み）」「Weaknesses（弱み）」「Opportunities（機会）」「Threats（脅威）」の頭文字から命名された手法です。目標達成に有益な内部的な特性が「強み」であり、障害となるのが「弱み」です。同様に、有益となる外部的な特性が「機会」であり、障害となるのが「脅威」です。

　では、ここでは私自身を例にSWOT分析してみましょう。

● **Strengths（強み）**
・鉄板焼きや内湯付き温泉に詳しい
・独身なので不倫のリスクがない
・年の功の知識と経験が豊富
・わがままを受け入れる包容力がある
・海外旅行の経験が豊富
・メンヘラ女子に免疫がある
・平日でも都合がつきやすい

SWOT分析のマトリクス

● **Weaknesses（弱み）**
・体力が衰えてきている
・無愛想で恐いと言われる
・出逢いがほとんどない
・変人（変態）と思われがち
・メンヘラ女子のワナに落ちやすい
・夜トイレが近い

● **Opportunities（機会）**
・格差恋愛がトレンド
・離婚率・再婚率の増加

● Threats（脅威）

　・周囲に将来有望な若手エリートが多い

　・フリーランスという社会的に不安定な立場

　・老後が近い

　ざっとこんな感じでしょうか。表にしてまとめると次のようになります。

Strengths　強み	Opportunities　機会
・鉄板焼きや内湯付き温泉に詳しい ・独身なので不倫のリスクがない ・年の功の知識と経験が豊富 ・わがままを受け入れる包容力がある ・海外旅行の経験が豊富 ・メンヘラ女子に免疫がある ・平日でも都合がつきやすい	・格差恋愛がトレンド ・離婚率・再婚率の増加
Weaknesses　弱み	Threats　脅威
・体力が衰えてきている ・無愛想で恐いと言われる ・出逢いがほとんどない ・変人（変態）と思われがち ・メンヘラ女子のワナに落ちやすい ・夜トイレが近い	・周囲に将来有望な若手エリートが多い ・フリーランスという社会的に不安定な立場 ・老後が近い

筆者をサンプルにした場合のSWOT分析

　このように、SWOT分析をすると、プロフィールだけではわからなかった素性が明らかになります。これをすべてわざわざ開示する必要はありませんが、自社を客観的に俯瞰するためにはぜひやっておきたい作業です。ここから、どこに重点を置いて自社の魅力を訴求していけばよいのかを可視化します。そして、あなたの会社が信頼に足ることを証明するのです。

　そこで、あなたの会社の魅力を、できるだけ一点に集約して攻めるわけです。ここが重要です。情報過多の時代、商品やサービスの差別化が難しい今日のマーケティングにおいて、あれもこれもとUSP（Unique Selling Proposition：独自のウリ）を中途半端に盛りだくさんにしてもインパクトに欠け、埋もれてしまいます。最大公約数はコンテンツ制作において最大の敵なのです。したがって、一点集中突破を狙います。それが、コンセプトを考えるときに最も重要なカギとなります。

あなたは誰？　009

ポジショニングマップで自分の立ち位置を決める

　ポジショニングとは、自社が市場においてどのような「立ち位置」にいるかということです。ポジショニングマップとは、2つの軸をとって自社のポジションを明確に定めるための手法です。縦軸と横軸の設定によって、ポジショニングが大きく変わるため、なるべく自社が有利に働くような軸やポジションを見つけることがとても重要です。

　たとえば、縦軸に「文化系←→体育会系」、横軸に「直感的←→論理的」と設定すると、私は「直感的」と「文化系」に囲まれたスペースにポジショニングされます。競合との兼ね合いにもなりますが、このポジションがターゲットにとって魅力的かどうかあまりピンと来ないかもしれません。

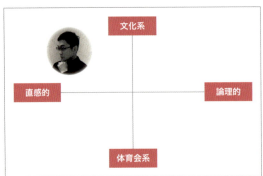

筆者のポジショニングマップ その1

　縦軸に「孤高感←→親近感」、横軸に「普遍性←→独自性」と設定すると、「親近感」と「普遍性」に近いスペースにポジショニングされます。すると安心感はありそうですが、どこにでもいる凡庸な人になりそうです。

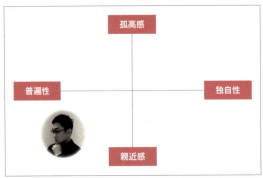

筆者のポジショニングマップ その2

もっと自社の特長を強く打ち出したければ、この縦軸と横軸のキーワードを工夫します。たとえば、縦軸に「ヨーダ←→ダース・ベーダー」、横軸に「トランプ←→ガンジー」と設定したとしましょう。すると、私は「ヨーダ」と「ガンジー」のスペースに近づきます。かなり聖人君子に近いポジショニングといえるかもしれません。しかし、同じスペースに競合もひしめくと差別化は難しくなります。

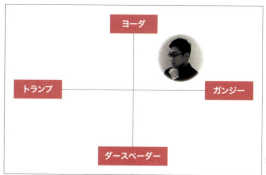

筆者のポジショニングマップ その3

　別の例として、私が携わっている科学系Webメディアの『FUTURUS』[※1]を挙げてみましょう。縦軸に「ヒト←→モノ」、横軸に「ビジネス←→エンターテインメント」と設定します。既存の科学系メディアは「モノ」と「エンターテインメント」のスペースがひしめき合っている市場（レッドオーシャン：過当競争）です。そこで、『FUTURUS』のポジショニングは、比較的空白となっている「ヒト」と「ビジネス」のスペースに設定しました。そうすることで、「ヒトとビジネス」を軸に「科学が人類の未来を楽しく幸せにする」というコンセプトを打ち出せます。

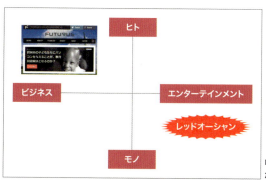

『FUTURUS』の ポジショニングマップ

※1　FUTURUS：http://nge.jp/

ポジショニングマップは、このように自社を引き立たせ、アピールできるポジションを見つける作業となります。

　あなたの会社のSWOTを棚卸しして、興味・関心を持ってくれそうなユーザーはどんな人なのか、自社の強みを打ち出すにはどんな戦略を打つべきなのか、自身の弱みは強みにはならないのかといった分析を行います。
　さらに、ポジショニングマップで、あなたの独自のポジションを見つけ出します。
　これらを組み合わせて、あなた自身をプロデュースします。それがコンテンツマーケティングを成功させる道への入口となります。

彼れを知りて己れを知れば、百戦して殆うからず。※2

※2　**知彼知己百戦不殆**：『ワイド版岩波文庫 孫子』(金谷 治 訳注／岩波書店／ISBN4-00-007039-8)、p.41

1-3

誰のため？

片想いの人にどうやってアプローチする？

　片想いをしたことはありますか？　好きな人に振り向いてもらえないとき、あなたならどうしますか？　すぐに諦めてほかの人を探しますか？　ひたすらアプローチし続けますか？　あるいは自分磨きに精を出しますか？

　あなたに片想いの人がいるとします。その人のことをもっといろいろ知りたいと思うでしょう。そして、自分の想いも伝えたいでしょう。いつか、その人に振り向いてもらい、自分のことも好きになってもらいたいと思うでしょう。

　コンテンツマーケティングにおいて最初に考えなければならないのが、「片想いの人」(ターゲット)にアプローチするための「筋」です。「筋」を描くには、まずターゲットにしたい相手がどんな人かを明らかにする(設定する)必要があります。これを「ペルソナ設定」と呼びます。

　ペルソナとは一言で表すと「==企業にとって最も重要で象徴的な顧客モデル==」です。年齢・性別・職業・年収・趣味・嗜好・性格という基本特性、そしてユーザーの隠れたニーズや行動パターンなどの行動特長と意識特長をモデル化します。観察やインタビューで得られた調査データを、1人のユーザー視点のストーリーとして凝縮した人物モデルを作成するのです。

ペルソナ設定で守るべき3つのルール

1 顔の見える「1人」にフォーカスする

　誰からも愛されようとする人は、実は誰からも愛されません。だから、決して==多くの人にモテようと八方美人になってはいけない==のです。ただ「1人」のユーザーを愛すればよいのです。

　==ペルソナとは、顔の見える「1人」にフォーカスするための手法==です。不特定多数に「みなさん」と呼びかけても人ゴトとなり、メッセージは誰にも届きません。ラブレターを不特定多数にBCCで送っていることを想像してみてください。不謹慎かつ非常識な行為だと思いませんか？　つまり、顔の見える「1人」にフォーカス

誰のため？　013

するためには、個人の顔が具体的に浮かぶような人格やライフスタイルを設定することが必要不可欠なのです。

② 30%ではなく30倍を狙う

ターゲットの母数が減ることを懸念して、==ペルソナのターゲットをむやみに広げると失敗します==。ペルソナを設定するときに、「ターゲットを1つの属性に絞ることで、ほかの大多数を切り捨てることになるのでは？」と懸念する人もいますが、それは正しくありません。ペルソナは、定量調査と定性調査に基づいて作られたものであれば、どんなに絞り込んでも極端に偏った人格ができることはありません。

ペルソナを通してターゲットの典型的な心理を理解することで、よりターゲットに適した企画やサービスを考えることが可能になります。ペルソナ設定は、「数撃ちゃ当たる」という発想で100人に声をかけて30%（30人）の人に興味を持ってもらう手法ではありません。特性が明確な1人の人物像を描き、その描いたペルソナに共感する30人を獲得する手法なのです。

③ 占い師のごとく

ペルソナ設定には、定量調査や定性調査で収集したユーザーのデータに加え、「1人の生身の人間」としてのストーリーが欠かせません。重要なのは、ユーザー自身も気づいていない深層心理にまで踏み込み、「1人の生身の人間」を理解することです。==正しいペルソナ設定には、サイエンスとアートの両立が必要不可欠==なのです。

サイエンスとは、適切な設計と手法のもとで行われた調査から得られる事実です。アートとは、その人格と価値観を誰もがすぐに理解し、記憶できるストーリーです。非科学的な占いが現代社会でもこれだけ支持されているのは、過去の人間の営みを類型化し、その類型化した人格と価値観を誰もがすぐに理解し、記憶できるストーリーとしてアウトプットしているからです。相手の立場になって深層心理に踏み込むことで、人は心を動かされたり、考えさせられたり、安心したりするのです。

ペルソナ設定がもたらす3つのメリット

この3つのルールを踏まえた上でペルソナ設定を行うと、次のような3つのメリットが生まれます。

014　**1　コンテンツマーケティングに愛が求められる理由**

1 ユーザー視点のストーリーを提供できる

　ユーザーの視点になってニーズ（求めていること）を探っていくので、ターゲットの共感を得やすくなります。

2 ターゲットの理解が深まる

　ターゲット像が可視化されるため、誰に何をどのようにして伝えるべきかが明確になり、発信すべきコンテンツが作りやすくなります。

3 一貫したユーザー像が共有できる

　1つのターゲット像を明確にすることで、プロジェクトメンバーだけでなく、部門や立場によって訴求したいことが違っても、解釈や方向性がブレなくなります。

　恋愛をテーマに数々の名作を生み出した文豪・谷崎潤一郎は、「戀と云うものは一つの芝居なんだから、筋を考へなければ駄目よ」[※3]という言葉を残しています。彼自身、令嬢だった嫁の妹と不倫をしてしまうほど、自由奔放な恋愛をしていたようです。そして、その波乱万丈の恋愛体験を『痴人の愛』という小説にしているくらいですから、常に「筋」を考えていたのかもしれません。

　恋愛では、あなたは「恋愛」という舞台の演出家となります。相手に関するさまざまな情報をリサーチ・分析し、目指すべきゴールに向けて「筋」を描くのです。相手の性格、生い立ち、仕事、趣味、好きな食べ物、好きな異性のタイプ……など、ターゲットを構成する要素を整理・分類し、人物像を詳細に具現化します。そして、自分の描いた「筋」に沿って、ターゲットのニーズに対して、自分をどうアピールすれば効果的なのかを考えなければなりません。

　ペルソナとは、「恋愛」という舞台で「筋」を考えながら、ターゲットとお互いのゴールを模索していくために必要な設定なのです。

※3　戀と云うものは一つの芝居なんだから、筋を考へなければ駄目よ：『黒白』(『谷崎潤一郎全集 第十一巻／中央公論社)、p.308

狙ったターゲットを逃さないためには、
サイエンスとアートの両立したペルソナ設定を！

1-4 情けは人の為ならず

ネット社会では一方通行は通じない

　あなたは、惜しみなく自己アピールをする目立ちたがり屋の、おしゃべり上手で熱心に誘ってくる人が好きですか？　それとも自分のことはさておき、あなたのことをいつも考えてサポートしてくれる正直者が好きですか？　きっと後者を選ぶでしょう。しかし、ターゲット（読者・消費者）を獲得したいと思ったら、これまでは前者のほうが効果的でした。

　20世紀に入り、新聞、出版、ラジオ、テレビといったマスメディア（4マス）が世界中に広がったことで、マーケティングの考え方は一変しました。1920年代にアメリカのローランド・ホールによって「消費行動」の仮説「AIDMAの法則」が提唱され、企業が商品やサービスを売るための手法が確立されました。AIDMAの法則とは、「Attention（注意）」「Interest（関心）」「Desire（欲求）」「Memory（記憶）」「Action（行動）」の頭文字を取ったもので、ユーザーの心理的プロセスを描いたモデルです。

AIDMAの法則

　しかし、一方的に情報を提供することで、ユーザー（読者・消費者）の態度変容を促す従来型のマーケティング手法は、インターネットの普及によって、新しいフェーズにシフトしました。そこで重視されるようになってきたのが「アドボカシーマーケティング」です。

顧客を支援するアドボカシーマーケティング

「アドボカシー(advocacy)」とは、「支援」「擁護」「代弁」などを意味します。アドボカシーマーケティングは、顧客との信頼関係を築くことを目的に、徹底的に顧客本位で接する手法のことです。このアドボカシーマーケティングについては、米MITのグレン・アーバン教授の著書『アドボカシー・マーケティング──顧客主導の時代に信頼される企業』[4]で詳しく解説されているので、興味のある方はぜひ読んでみてください。

アドボカシーマーケティングには、守るべき大切な3つのルールがあります。

1 顧客を支援せよ

アドボカシーマーケティングの要となるのは、顧客の消費活動を支援することです。顧客の利益のためなら、一時的に自社の不利益となる「競合他社を推薦」することもやむを得ないとしています。顧客の声に耳を傾け、商品やサービスの改善を続けていくことで成長を目指します。そして、長期的には顧客との信頼関係を築くことが、企業にとって大きなメリットになっていくと考えられています。

2 自ら正直であれ

アドボカシーマーケティングでは、見込み客や顧客に対してウソ偽りのない情報を提供することで、顧客の利益を追求します。ソーシャルメディアによって情報交換や発信が容易になった今日、自社の商品やサービスで都合の悪いことを隠すのは非常に難しくなっています。

3 約束を守れ

企業は顧客との約束を守り、信頼を得なければなりません。目先の利益だけのために顧客の利益を損ねることは得策ではありません。アドボカシーマーケティングでは「信頼」や「ロイヤルティ」(忠誠心)という長期的な指標を用いることで、継続的な利益の最大化を狙います。

---

[4] 『**アドボカシー・マーケティング──顧客主導の時代に信頼される企業**』(グレン・アーバン 著、山岡隆志 訳、スカイライト コンサルティング監訳／英治出版／ISBN978-4-901234-95-5)

情けは人の為ならず　017

短期的利益より長期的利益

　インターネットやソーシャルメディアの普及によって、情報の取捨選択やクチコミ評価が可能になり、企業は真の意味で「顧客第一主義」を遂行しなければ生き残れなくなりました。顧客からの信頼を得ることで長期的な関係性を構築し、利益を目指さなければならなくなったわけです。まさに「情けは人の為ならず」です。

　こういったことが、アドボカシーマーケティングが注目されるようになった大きな要因です。アドボカシーマーケティングの考え方は、ITの発達がもたらしたものですが、それに伴って生まれた「人間の営みの本質への原点回帰」でもあるといえます。つまり、「信頼関係」の構築です。

コンテンツは誰のためのもの？

　アドボカシーマーケティングが重要視されるようになった背景にあるのは、「不正やウソがすぐバレるようになったから隠し事をしてもムダ」ということではありません。ユーザーが、企業の情報を鵜呑みにしなくなったということです。自社都合のメッセージだけでは、振り向いてもらえない時代になったのです。

　以前、あるメディアの企画で、数名のタレントにインタビューをする機会がありました。同じテーマについて、みなさんにそれぞれプロの視点から語ってもらうというものでした。そのとき1名だけ、自分の専属のカメラマンを指定し、せっかくインタビューをしたにもかかわらず、そのときに聞いた話とはまったく違う自己宣伝の内容に書き直してきたタレントがいました。この事務所はブランディングが徹底していたということでしょうか？　そうかもしれません。しかし私は、そのときふと思いました。「このコンテンツは誰のためのものか？」と。

　メディアには読者がついています。そして、そのメディアは読者の期待に応えるために、カメラマン、ライター、デザイナーなど、適切なスタッフをキャスティングします。一方、自社都合のコンテンテンツを強要してきた事務所は、メディアの先にいるユーザー（読者・消費者）が見えていません。もちろん、ユーザーからどのように見られているかも理解できていないでしょう。まさに「裸の王様」なのです。

　ほかのタレントが全体の企画主旨に沿って撮影とインタビューに協力してくれたのは、彼らがいい人だからとか、親切だからという理由ではありません。取材を受ける以上、メディアの方針とその先にいるユーザーを理解しているからです。

　同じコストと時間をかけるなら、なるべく自社の情報をたくさん発信したいと思うのは理にかなっています。そのような情報を発信すること自体は問題ではありま

せん。問題は、そのコンテンツを「誰が求め、誰が探しているか」を考えないことです。ユーザーにとって有益で説得力のあるコンテンツとは何か？　そこを無視して発信したコンテンツは、誰にも届きません。企業が情報発信をするとき、自社に都合のいい情報だけを出したいがあまり「裸の王様」となって、ターゲットを見失うケースは少なくありません。

　ユーザーのニーズを無視したコンテンツの一方的な押しつけは、自分が「裸の王様」であることに気づかずに、他人の家（メディア）に土足で入り込むようなものなのです。

コンテンツは「裸の王様」であってはならない

　コンテンツの重要性を語るとき、「コンテンツは王様（Content is King）」[※5]というフレーズが引用されることがよくあります。

　これは、企業にとってコンテンツが最も重要である、絶対的存在であるという意味です。どんなにお金をかけて宣伝をしても、コンテンツが適当では、適切なユーザーに適切なメッセージは届きません。企業自体は決して「王様」であってはならないのです。「王様」として上意下達のメッセージを一方的に送るのではなく、ユーザーにとって価値のある「愛」であるべきなのです。

　ユーザーと最適なコミュニケーションを図り、エンゲージメントを築いていくためには、企業はユーザー視点のコンテンツを作っていかなければなりません。そして、ユーザーが帰りたいと思う「愛の城（オウンドメディア）」を築くことが求められるのです。今日のユーザーは「王様」を無視することも、「王様は裸だ！」と大声で叫ぶこともできるのですから。

※5　**Content is King**：ビル・ゲイツが、1996年にMicrosoftのサイトに掲載したコラムのタイトル（http://www.seojapan.com/blog/content-is-king-by-bill-gates）。執筆された時期を考えると、驚くべきほど現在の状況を正確に予見しており、それを象徴したタイトルになっている。

企業は、ユーザーを支援し、役に立つ家臣にならなければなりません。

Chapter 2
コンテンツに愛と志を注入する方法

工場のように自動的に大量生産されたコンテンツは、誰にも愛されません。「仏作って魂入れず」にならないために、コンテンツに「愛」と「志」を注入する方法について、12のテーマに分けて解説します。

2-1

猫のごとく

そんなツンデレなあなたが好き！

　空前の猫ブームだそうです。「ネコノミクス」の時代ともいわれています。みなさんも猫のかわいい動画に胸キュンしたことがあるのではないでしょうか。そう、猫は究極のキラーコンテンツなのです。では、なぜ猫はそれほどまでに人びとを魅了し、夢中にさせるのでしょうか。==猫の魅力を知ることは、コンテンツを制作する上でとても参考になる==ので、猫にその奥義を学びましょう。

　猫は、次のような3つの魅力を持っています。

写真提供：山田摩耶

1 想定外の行動を起こす

　猫の行動は意外性と笑いに満ちています。二本足で立ったり、猫パンチを喰らわせたり、寝転がってバンザイをしたり、紙袋に頭を突っ込んだり、延々とモグラ叩きで遊んだり、物陰に隠れてじっと飼い主を見つめたり……あらゆる行動が意外性に満ちています。この不可解な想定外の行動が、人を胸キュンさせるのです。人はマンネリやルーティンワークにすぐ飽きる動物です。習慣にしていることさえ、あわよくば刺激的で意外性に満ちた毎日であってほしいと願っているのです。

　猫は、そんな私たちの日常に、かわいい動作でささやかな刺激を与えてくれる愉快な仲間です。人間が我慢していることを自由奔放にやってくれる憧れの存在なのです。そして今、ソーシャルメディアや投稿動画の普及によって、それまで飼っている人にしか知り得なかった猫の魅力に取り憑かれる人が世界中で急増しています。自由で意外性に満ちた存在の猫たちは、その行動をあなたが共有することで、あなた自身も愉快で意外性に満ちた存在であることをアピールしてくれます。かわいくて、おもしろくて、想定外の行動をする猫を共有すれば、いいね！をされるのは「あなた自身」なのです。

猫の魅力は、なんといってもツンデレでしょう。ゴロゴロ喉を鳴らしながら、スリスリ甘えてくるのが猫なら、こちらから触れようとしてもさっと無視して逃げていくのも猫です。恋愛の基本が「ギャップ萌え」なら、猫の魅力も「ギャップ萌え」です。恋愛を長続きさせるためには、毎日しつこく電話をして愛を叫ぶよりも、押したり引いたりのメリハリをつけたほうがよいことは、みなさんもご存知でしょう。穏やかでなよっとした男子が、いざとなると闘争心をむき出しにするとき。一見大人しくて弱々しい女性が、実は正義感の強い男前キャラだったり……。ギャップもまた、マンネリ化した日常に刺激を与えてくれる魅力なのです。

ふだん日常的に接している人に「あの人はこんな人だから」と先入観を持っていると、その人にさほど関心も抱かないし、印象に残ることもありません。しかし、意外な一面を知ると強烈に印象に残ります。1つの美点が強調されるため、それが際立って魅力的に映るわけです。違う一面を見せることは多面性をアピールすることにもなるので、奥深い人として再認識されます。猫を飼っている人はみな、口を揃えて「猫は頭がいい」と言います。あなたがコンテンツを発信するときは、第一印象と違う一面や意外性を見せ、ユーザーだけが理解していると思わせると、あなたへの距離感が急速に縮まります。

2 幸せな気分を与える

猫好きな人は「人に懐つくか懐つかないかは関係ない。その存在自体がかわいい」と言います。戯れたり遊んでいたりする猫を見て、幸せな気分にならない人はあまりいないでしょう。無条件に人を幸せな気分にさせるのが猫なのです。猫は、ほかの動物と違って、人に従属もしないし、襲うこともしません。

猫と人の歴史は、紀元前3000年の古代エジプトにまで遡るとも、それより前であるともいわれています。また、猫は自ら人と共存することで生き残る道を選択したという説もあるようです。古代エジプト文明では猫は神の使いとして神聖視されてきたそうです。猫もヘビやネズミなどの害獣退治をしたかもしれませんが、犬のような「役に立つパートナー」として共存してきたわけではないでしょう。猫は、人に喜びを与えるために存在してきたのかもしれません。少なくとも現代社会においては、猫の存在は人に癒やしと喜びを与える存在以外の何者でもありません。

コンテンツを作るとき、あなたは自問自答すべきでしょう。自分が作ったコンテンツは、ユーザー（読者・消費者）に無条件に喜びを与えられているでしょうか？ ユーザーの生活をさらに良くするでしょうか？ あなたは猫以上の愛をユーザーに与えられているでしょうか？ もしあなたのコンテンツが、誰かの1日をより有意義で幸せにできるのなら、あなたのコンテンツは間違っていません。

3 ビジュアルの力を教えてくれる

　近年の猫ブームのきっかけは、ネットの投稿動画が起点になっているのは明らかです。猫は何もする必要がありません。ただそこに存在するだけで、自分勝手に振る舞うだけで、人を癒やし、笑わせ、楽しませてくれます。「大きな瞳」「ぷにぷにとした肉球」「艶々とした毛並み」といったキュートなルックスで、無防備な姿でまどろんでみたり、狭い隙間に無理やり入ってみたり、忙しいときに限って「遊ぼー」とばかりに話しかけてきたり……、その圧倒的なビジュアルを見せつけます。

　あなたのコンテンツでも、その魅力を最大限に伝えるためには、写真や動画などのビジュアルの力が効果的です。

　猫のコンテンツ力は無敵です。だからといって、私たちはすべてのコンテンツを猫にするわけにはいきません。どんな商品でもサービスでも、猫が持つ3つの魅力に学び、そこに物語を添えれば、きっと猫に勝るとも劣らない、コンテンツ力を身につけることができるでしょう。

猫のごとく、
ツンデレの魅力でユーザーを虜にしましょう

2-2

独自性

世界に1人だけのあなた

　独自性とは何でしょうか？　人は恋をするときに何か理由があるはずです。「理由なんてない！」と盲目的に恋をする人も、好きになった相手が自分にとってほかの人たちとは何かが違うから、選んでいるのです。その人はあなたにとってかけがえのないオンリーワンの存在だから、恋をするのです。それが独自性です。

　では、コンテンツには、なぜ独自性が求められるのでしょうか？

　インターネット社会を迎えた今日、私たちは人類史上体験したことのない情報過多社会の渦の中にいます。情報の多さに消化不良を起こしています。そんな無限に増殖する情報の中から、自分たちのコンテンツを見つけてもらうためには独自性を打ち出すしかありません。ユーザー（読者・消費者）が「誰でもいい」といって消極的に選ぶのではなく、理由があって「あなたがいい」とオンリーワンの存在になって選択してもらわなければ、ユーザーにファンになってもらうことは永遠にありません。行き当たりばったりで顧客を獲得しにいって消耗戦を続けますか？　それとも1人1人のユーザーと絆を深めていきたいですか？

　独自性と一言で表しても、その段階も種類もさまざまです。次のような4つの段階の独自性について説明しましょう。

1. これまでにまったくない方法で、完全に独自の考えが盛り込まれている
2. 完全に独自ではないものの、これまでにあったものを違う視点で再提示している
3. これまであったものの、考え方や比較分析など、新鮮な切り口で紹介されている
4. 既存のものを網羅的にまとめることによって、閲覧性・利便性を追求することで新しい価値を生み出す

　1つずつ見ていきましょう。

1 これまでにまったくない方法で、完全に独自の考えが盛り込まれている

　なかなか難しそうですね。これは人類がかつて体験したことのない発明品の類で

独自性　　025

しょう。自動車、電話、テレビ、冷蔵庫、エアコン、インターネット、パソコンなど、世界を変える発明品は完全なオリジナルです。

しかし「ウチにはそんな独自な商品なんてないから無理だ！」と言うなかれ。ましてやコンテンツ制作において、完全なオリジナルなものは存在しません。

❷ 完全に独自ではないものの、これまでにあったものを 違う視点で再提示している

アップルが発表したパーソナルコンピュータのMacintoshやスマートフォンのiPhoneの登場は、世の中に衝撃を与えました。しかし、決してオリジナルな発明品というわけではありません。スティーブ・ジョブズの成功の最大のカギを握るのは「それ自体は完全に独自ではないものの、これまでにあったものを違う視点で再提示している」ことです。ジョブズはピカソの「すぐれた芸術家は真似る。偉大な芸術家は盗む」という格言を好んでいたといわれますが[※1]、アップルが初めて生み出したオリジナルな発明品というものは、ほとんどないこともよく知られています。マウスもデスクトップというUIの発想もタッチスクリーンも、アップルが最初に開発したわけではありません。しかし、ジョブズはこれを再提示することで市場に衝撃を与えたのです。

ジョブズがそうであったように、独自性とは、あなた自身の個性そのものです。あなた以外にあなたであることはできません。コンテンツ制作において、独自性とはあなた自身が提供する商品やサービスの着眼点を少し変えることです。

そして、それは多くの制約の中で生まれることがほとんどです。「制約が多いからコンテンツが作れない」のではなく、独自性に富んだコンテンツを作る情熱とアイデアが足りないのです。

❸ これまであったものの、考え方や比較分析など、 新鮮な切り口で紹介されている

どこにでもある二次情報を掲載している場合、独自性は訴求できないので、どれだけ大量のコンテンツを制作し、どれだけリスティング広告を打ち、どれだけ関連キーワードをまぶせるかが勝負になります。そうなると、青天井の消耗戦に陥ります。そして、ユーザーはどのコンテンツを目にしても区別はつかないため、露出が多いサイトが選ばれます。そこには、ユーザーとあなたとの絆はありません。

....

※1　**すぐれた芸術家は真似る。偉大な芸術家は盗む**：『スティーブ・ジョブズ名語録』（小林晃弥 著／PHP文庫／ISBN978-4-569-67520-6）、p.141

このようなレッドオーシャン（過当競争）化している市場に、あなたはどのように参入しますか？　同じように物量作戦で臨みますか？　きっと、それは避けたいと考えるでしょう。

　たとえば、あなたは、妊活ブームで注目されている葉酸サプリを売りたいとします。ただ葉酸のメリットを訴求するだけでは独自性は出せないし、差別化もできません。そこで葉酸が多く含まれる食材を使ったスイーツの紹介はいかがでしょうか。あなただけのオリジナルのコンテンツが出来上がります。今すぐ葉酸サプリを必要とする顕在層だけでなく、スイーツが好き！という潜在層にもリーチできます。誰も作ったことのないスイーツをオリジナルで作ることで、ユーザーにどんなメリットがもたらされるでしょうか。季節や行事に合わせたメニューを考えてもよいでしょう。コンテンツ制作における独自性とは、ちょっとした視点を変えたり、意外な組み合わせにしたりすることだけでよいのです。たとえば葉酸が豊富に含まれる素材で作るイタリア料理やタイ料理、地方名物料理などが紹介されていれば、きっと定期的にそのメディアを訪れてファンになる人がいるはずです。

❹ 既存のものを網羅的にまとめることによって、閲覧性・利便性を追求することで新しい価値を生み出す

　キュレーションメディアやターゲティングメディアの多くは、この手法を使っています。たとえば、今ではペットの動画はあちこちで観ることができ、ペット専門動画サイトなども数多く出てきています。そのコンテンツのほとんどは、ただひたすら世界中のネットからかわいい犬や猫の動画を集めてきているだけに過ぎません。独自の動画を制作しているメディアは、ほとんどありません。世界中の犬や猫を集めてきて撮り下ろしていたら、制作費がどれだけあっても足りないからです。しかし、ここにもわずかながら独自性を出していくことはできます。種類別でもいいですし、ひたすら猫パンチをする動画だけ集めてもよいでしょう。元の素材にコンテンツ力があれば、どんなテーマで切っても必ずそのニーズはあるものです。あるいは、あなたが不動産関連のメディアを運営しているなら、かわいいペットの動画と併せて「マンションでのペットの飼い方」「大型犬が飼える物件」とか、ビジネス系メディアなら「仕事がはかどるペット飼育術」「オフィスに犬がいると起こるこれだけのメリット」とか、さまざまな組み合わせを考えてみます。

　ガジェット系のメディアといえば『ギズモード・ジャパン』[2]や『GIGAZINE（ギガジン）』[3]『Engadget 日本版』[4]などが有名ですが、最近はガジェットを数分

※2　**ギズモード・ジャパン**：http://www.gizmodo.jp/
※3　**GIGAZINE（ギガジン）**：http://gigazine.net/
※4　**Engadget 日本版**：http://japanese.engadget.com/

独自性　　027

の動画だけで見せるメディアが出てきています。『bouncy / バウンシー』[※5]『GI Gadgets』[※6]『Timeline』[※7]などは、ほんの1分足らずの動画による紹介ですが、まるで映画の予告編のようで、その短さゆえにガジェットの詳細を知りたくなってしまいます。これらのメディアはどれも同じようなネタを扱っているものの、これまでテキストと画像が中心だったメディアを1分の動画だけ、しかもSNSをメインに展開しているという点は新鮮です。

　扱う商品やサービスと、流行っている事象を組み合わせるのも有効な手法です。ワールドカップやオリンピックといった世間の多くが注目するイベントや事件が起きたときは、大きなチャンスです。他メディアからのコンテンツを引用するだけでなく、自社で運営しているメディアの過去のコンテンツを再利用することも有効です。ユーザーは常に流動的なので、タイミングのよい時期を見計らってまとめ記事として違う切り口で紹介したり、ソーシャルメディアで再掲したりするのもよいでしょう。独自性は、それが出るタイミングによっても活かされてきます。

　独自性はあなた自身、そしてあなた自身が好きなことを少し視点を変えるだけでも、十分発揮できます。世の中を変えるような完全オリジナルな発明品を生まなくても、あなたが好きなことに共感する人は必ずいるはずです。

※5　**bouncy / バウンシー**：https://www.facebook.com/bouncy.news/（Facebook版）／ https://twitter.com/bouncy_news（Twitter版）
※6　**GI Gadgets**：http://www.gigadgets.com/
※7　**Timeline**：https://www.facebook.com/TimelineNews.tv/timeline（Facebook版）／ https://twitter.com/TimelineNews_tv（Twitter版）

独自性とはゼロから生み出すのではなく、盗んで自分のものにすることです。

2-3

シンプル

人気ドラマに見るシンプルの衝撃

> 「僕は死にましぇん。僕は死にましぇん！ あなたが好きだから、僕は死にましぇん。」(101回目のプロポーズ／フジテレビ系列)
> 「ねえ。セックスしよ」(東京ラブストーリー／フジテレビ系列)
> 「心配いらないよ。あたしがいるもん。あたしが全部守ってあげるよ」(高校教師／TBS系列)
> 「あなたは死なないわ。私が守るもの」(新世紀エヴァンゲリオン／テレビ東京系列)

　往年のテレビドラマの名セリフです。ドラマを観たことがない人でも、耳に覚えがあるのではないでしょうか。なぜ、こんな昔の短いフレーズが今でも語り継がれるのでしょうか。それは、このシンプルなフレーズにドラマ全体のエッセンスが凝縮されているからです。シンプルさとは、100gから99gを省いて1gにするのではなく、同じ重さを100㎡から10㎡に圧縮する作業なのです。

　これらの名セリフをご存知ない人のために、それぞれのドラマを簡単に紹介しましょう。

「僕は死にましぇん。僕は死にましぇん！ あなたが好きだから、僕は死にましぇん。」

　冴えない中年の主人公がトラックの前に飛び出して、惚れた彼女に言ったセリフです。婚約者が式の直前に事故死した過去を持つため恋に臆病になっていた彼女に対して、死をも跳ね返すほど僕の愛は強いという主人公の想いを象徴しています。

「ねえ。セックスしよう」

　受け身で煮え切らない主人公の完治と、いつも積極的で明るいガールフレンドの赤名リカを巡る恋愛物語です。そんな完治に無理矢理「好きだ」と言わせたあと、リカが歩道橋の上で突然言います。彼女の一途なキャラクターと煮え切らない完治の関係性を象徴した一言です。

シンプル　029

「心配いらないよ。あたしがいるもん。あたしが全部守ってあげるよ」

　女子高生が登校時に無賃乗車の疑いをかけられたとき、助けてくれた初出勤の教師に出逢ったときのセリフです。周囲にたくさんの生徒がいる中で大声で宣言します。戸惑い続ける教師と、ひたすら愛に突っ走る女子高生の危険な恋愛を象徴しています。

「あなたは死なないわ。私が守るもの」

　戦うことを運命づけられながらも、死の恐怖に怯える掟シンジに対して、戦うことを受け入れているクールな綾波レイが言ったセリフ。対象的な２人のコントラストを描くことで、主人公シンジの抱える苦悩が浮き彫りになります。

　これらの人気ドラマから生まれた名セリフは、もちろんドラマ自体の物語のおもしろさがあってこそ活きてくる言葉ですが、物語に込められたメッセージも至ってシンプルです。恋愛に落ちる男と女の関係性を見事に一言で象徴している点が大ヒットの秘訣だったといえます。『新世紀エヴァンゲリオン』では恋愛関係にまで至っていませんが、思春期の２人の微妙な関係性が見事に描かれています。

シンプルな言葉ほど心を動かす

　シンプルなメッセージは、その後に続くコンテンツに導くためのキャッチやタイトルとしても重要な役割を果たします。

　瞬時に読みたいと思わせるコンテンツを作るためには、まずユーザーが最初に目に触れるキャッチやタイトルをシンプルにすることが必須条件です。いわゆる「つかみ」です。

　「つかみ」は、ドラマのようなエンターテインメントに限らず、政治の舞台でも非常に重要な役割を果たします。歴史を見ても国民から高い支持を受けた政治家たちはみな、シンプルな言葉の達人です。演説のうまさで評判の高かったケネディ大統領やガンジーなどはもちろん、日本でもシンプルなメッセージを巧みに使った田中角栄や小泉純一郎の人気がとても高かったことからもわかります。

　世界中を戦禍に巻き込んだ独裁者ヒトラーもまた、そのシンプルな発言で国民を熱狂させたのです。オバマ前大統領が「チェンジ」の一言で人びとに希望を与え、ドナルド・トランプが前時代的な紋切り型の暴言で大統領にまで昇りつめたのは、21世紀の話です。どんな差別的暴言でも、シンプルゆえに多くの人の気持ちを掴んだ事実は否定できません。マスメディアが台頭し始めた20世紀初頭以来、政治家たちはみな、マスメディアが取り上げやすい、シンプルな言葉を駆使する「サウ

ンドバイト」[※8]の達人だったのです。シンプルな言葉は、良くも悪くも人の心を動かすポテンシャルを秘めているのです。

勝者はシンプルさに付加価値を見出す

　テレビのリモコンを思い出してください。ふだん、どのボタンを使っていますか？おそらく、チャンネルとボリュームくらいでしょう。家電メーカーが陥ったワナが、「全部載せ」です。差別化が難しくなった家電メーカーは、とにかく機能を増やすことで何とか付加価値をつけようとしました。その結果、ボタンだらけの使い勝手の悪いリモコンになり、ますます差別化ができなくなってしまいました[※9]。

　シンプルであることは、もちろんハードウェアのデザインだけに限りません。いかに1つのメッセージに集約させることができるかということです。

　日本には、日の丸や石庭のようにシンプルさに美学を見出す文化が伝統的にありますが、同時に幕の内弁当のように限られた器に美しくさまざまな要素を盛り込むことにも長けています。家電に関しては、その伝統文化に培われた知恵があだになっているような気がします。

数多くのボタンがついたテレビリモコン

安くたくさん食べたいのか？
高くてもおいしいものを食べたいのか？

　ある食べ放題のビュッフェでは、寿司からステーキ、蕎麦、ケーキと、何でも揃っているとします。それはシンプルなサービスといえるでしょうか。答えはイエスです。提供する商品やサービスがどんなにバリエーションに富んでいても、そこに込められるメッセージが1つであれば、それは深く、濃く、強くなるからです。ここでは「300種類すべて試せたら無料」「日本一安くたらふく食べられるのは〇〇だけ」「あなたは2,000円でどこまで食べきれるか？」と伝えればよいのです。

※8　**サウンドバイト**：直訳すると「音をひと噛み」。テレビやラジオのマスメディアが浸透するに従って多く使われるようになった、マスメディアがとりあげやすいシンプルで印象的な言葉を指す。
※9　最近では、チャンネルとボリューム操作に機能を絞ったシンプルなリモコンが同梱される機種もある。

でも、「おいしい極上ステーキと産地直送の新鮮な魚と野菜が食べ放題、イタリア仕立てのケーキも忘れずに！」というようにメッセージがいくつもあっては、何がUSP（Unique Selling Proposition：独自のウリ）なのか、その焦点がぼやけてしまいます。

　このビュッフェに来るお客さんは、極上のステーキを期待しているでしょうか？　期待していたとしても、高級レストランで食べる1万円のステーキと同等のクオリティを想定していないでしょう。ここで期待されるのは、おいしさよりも安さと量なのです。そのターゲットに向けたメッセージは、シンプルにたった1つで十分なのです。

**シンプルなメッセージは
人びとの記憶に永遠に残ります。**

2-4

意外性

意外性は永遠の記憶装置

　意外性とは、いかにして新しい発見や気づきをユーザー（読者・消費者）に与えるかという意味です。ユーザーに驚きの体験をもたらし、「今までそんな風に考えたことがなかった！」といった反応をユーザーに引き起こします。

　意外性のないドラマに人は感動しません。映画でもスポーツでも仕事でもレジャーでも、人は意外性を求めています。野球の試合で、ひいきチームが5回の時点で10対1で勝っていても、そんなに心は躍りません。むしろ1対10で負けていた試合を最後に大逆転して11対10で勝つほうが、興奮も感動もひとしおです。それも意外性のなせる業です。

　知的好奇心を誘うのも意外性です。私が雑誌の編集に携わった新人の頃、最初に叩き込まれたのは「おや？ まあ！ へぇ〜」という鉄則でした。雑誌の存亡はまさに、この「おや？ まあ！ へぇ〜」の意外性をいかに提供できるかにかかっています。

　「おや？」とは好奇心。その存在が気になるように仕向けます。「まあ！」とは驚き。「へぇ〜」とは感心・納得。テレビで毎日のように出演している人気者のジャーナリストの池上彰さんは、この「おや？まあ！へぇ〜」の達人です。好奇心を促し、みんなの知らない話で驚かせ、結論に落としていくパターンです。

　テレビが意外性の要素を上手に盛り込む人材を使わない手はありません。テレビのバラエティ番組の多くは、この意外性の使い方がパターン化され、上手に使いこなしています。近年はテレビのバラエティをくだらないと一蹴するネットユーザーも多いようですが、コンテンツ制作者にとっては、まだまだテレビに学ぶことは多いのです。

なぜアスリートは意外性に満ちているのか

　リオデジャネイロオリンピックが終わってからしばらく、メダリストの多くがテレビのバラエティ番組に出ていました。特に引っ張りダコだったのが、女子柔道の松本薫選手です。試合での獲物を狙うようなその鋭い眼光から「野獣」のあだ名で知られていました。しかし、オリンピック後、テレビのバラエティ番組に出演すると、

意外性　　033

その茶目っ気たっぷりのかわいいキャラクターは視聴者のハートを鷲掴みにしました[10]。彼女に限らず、オリンピック選手の素顔を見て、アスリートたちのオンとオフのギャップに萌える人は多かったのではないでしょうか。

一流のアスリートたちは、その存在自体が意外性の固まりです。一般の人間とかけ離れた才能を持ち、だからこそ私たちはアスリートの技に驚き、感動を覚えるのです。そんな超人のような彼らがいったん闘いの場を降りると、実は私たちと何も変わらず、意外と気が小さかったり、神経質だったり、心やさしい人だったりと知って、そこにまた意外性を見つけ、驚き、親近感を抱き、心を動かされるのです。

ガンジーはいつも性に悩んでいた？

インド独立の父として知られるガンジーについては、ほとんどの人が歴史の教科書で知ったと思います。教科書で知ったガンジーに、あなたは感動したでしょうか？ 心が震えたでしょうか？　もしあなたがガンジーの人間としての素晴らしさ、偉大さをユーザーに伝えたいと考えるなら、「おや？　まあ！　へえ〜」の視点を見つけ、演出しなければなりません。意外性を抽出することでコンテンツが「おもしろく」なり、それがユーザーの心を動かし、記憶装置として働くからです。

たとえばガンジーについて紹介する記事で、ユーザーに興味・関心を持たせ、理解してもらうために、次のようなタイトルをつけてみます。

「ガンジーはいかにして性欲を克服したか？」
「ガンジーの"非暴力不服従"の原点は、性欲の克服にあった」
「13歳で結婚したガンジーはセックス中毒に悩んだ!?」

「意外性」をひと通り盛り込んでみました。一見、扇情的・刺激的なタイトルですが、これを生かすも殺すも、その後に展開されるストーリー次第です。ガンジーの禁欲主義、菜食主義と非暴力不服従の思想は決して無関係ではありません[11]。ガンジーという歴史的な偉人でさえも、私たちと同じ欲望を持ち、同じ悩みを抱える

---

[10]　その後、2016年11月には結婚を、2017年1月には妊娠を報告し、さわやかな笑顔を見せたのは記憶に新しいところです。

[11]　**ガンジーの性欲**：『ガンジーの実像』(ロベール・ドリエージュ 著、今枝由郎 訳／白水社文庫クセジュ／ISBN4-560-05858-X)、P.19、P.125〜155

ふつうの人間だったと知ることで、ガンジーへの興味・関心が生まれ、親近感、共感、尊敬の念は、より高まるのではないでしょうか。

サメと鹿、どっちが恐い？

「サメと鹿、どっちが恐い？」と問われたら、当然、サメのほうが恐いと答えるでしょう。では、サメと鹿、人はどちらにより多く殺されているでしょうか？ 海でサメに殺される数とドライブ中に鹿に殺される（正確にいうと、自動車と鹿の衝突事故での死亡）数でいえば、鹿の場合はサメの300倍の数になるそうです[※12]。1年間でサメに襲われて死ぬ人が1人だとしたら、鹿と衝突して死ぬ人は300人ということです。この事実を知ったとき、私たちは細かい数字は忘れても「鹿がサメの300倍」という数字はきっと10年経っても忘れないでしょう。ほとんどが自動車を運転中の衝突事故のようなので、むしろ鹿が人に殺されているという言い方もできますが。

サメと鹿を例に出すまでもなく、世の中は意外性に満ちています。「自分はどこにでもいるありふれた人間だから意外性なんてない」「ウチの会社の商品なんてどこにでもあるし……」と思っても心配は無用です。意外性は、相対的な驚きを与えれば十分なのです。たとえば、私が「お酒が呑めない」と言うと驚かれます。「幼稚園児を持つママ向けのメディアをやっていた」と言っても驚かれます。「20歳年下の恋人がいる」と言っても驚かれます。年齢を言っても驚かれます。つまり、「酒飲みで、子供嫌い、モテない、若く見える」というイメージがあり、事実がそのイメージを破壊するから驚かれるのです。あなた自身もきっとそうでしょう。つまり、あなたが「驚きに満ちた意外性の人」である必要はないのです。ユーザーに対して相対的に意外性を抱かせるコンテンツを提供すればよいわけです。

※12 『**アイデアのちから**』(チップ・ハース＋ダン・ハース 著、飯岡美紀 訳／日経BP社／ISBN978-4-8222-4688-4)、P.205〜207

意外性とはギャップ萌えであり、退屈な日常からの解放です。

2-5

正直者

昔ばなしに学ぶ、正直さの恩恵

　大人になって、改めて昔ばなしを読んでみると、なぜ今日まで長年読み継がれてきたのかが理解できます。古典文学は、生まれ育った環境、時代、国境を超えた、弱さ、強さ、欲望、美徳といった人間が持つ本質が赤裸々に描かれているからこそ、今日まで朽ちることなく愛されているのでしょう。何百年も生き残る物語は「人間の真理」を語っているからこそおもしろいのです。中でも、昔ばなしで気づかされるのが、人間の営みにおける正直さの重要性です。

　インターネットやソーシャルメディアの普及によって、情報の取捨選択やクチコミ評価が可能になりました。それに伴って、利益を追求する企業は「顧客第一主義」を掲げ、信頼を得ることで顧客との長期的な関係性を構築しなければならなくなりました。このことが、正直者であることの重要性が欠かせない理由です。

　そこで3つの昔ばなしから、正直であることの重要性、そして、正直者であることで受ける恩恵について探ってみます。どんな話だったか忘れてしまったという方のために、簡単にあらすじを紹介しておきましょう。

● 花咲かじいさん

　「ここ掘れワンワン」や「枯れ木に花を咲かせましょう」というセリフが有名な昔ばなしです。正直者の老夫婦とあこぎな老夫婦の白い犬をめぐる対照的な運命の行方を描いています。白い犬は、かわいがってくれた正直者の老夫婦には金貨財宝をもたらし、虐待したあこぎな老夫婦にはガラクタ（ゲテモノ・妖怪・欠けた瀬戸物など）をもたらします。自分を殺めたあこぎな老夫婦には汚物や灰をもたらし、自分を埋葬してくれた正直者の老夫婦にはまたも財貨をもたらし、枯れ木に花を咲かせます。

● 舌切り雀

　ある日、おじいさんにかわいがられていた雀が、おばあさんに舌を切られて逃げ出します。おじいさんが雀を追って山へ行くと雀たちは歓待してくれ、お土産に大小2つのつづら（蓋つきの籠）を渡されますが、おじいさんは小さいほうを持って帰ります。すると中には小判が詰まっていました。一方、欲張りなおばあさんは、小判を手に入れるため雀の宿に押しかけ、大きなつづらを強引に持って帰りました。

036　2　コンテンツに愛と志を注入する方法

すると、中には妖怪やトカゲやハチやヘビが詰まっており、おばあさんはびっくりして腰を抜かしてしまいます。

● 鶴の恩返し

　ある冬の雪の日、おじいさんが罠にかかった一羽の鶴を逃がしてあげました。その夜、美しい娘が夫婦の家へやってきて「道に迷ったので一晩泊めてほしい」と言います。夫婦は雪が降り続ける間、いく晩か泊めてあげると、娘は「あなた方の娘にしてください」と懇願します。老夫婦は承知し、娘は「絶対に中を覗かないでください」と夫婦に言い渡して部屋にこもり、不眠不休で布を一反織ります。初めは約束を守っていた老夫婦ですが、好奇心でつい覗いてしまいます。鶴は、自分の正体がバレた以上ここに居られないと、空へ飛んで消えていきます。

　この３つの物語は、総じて邪心や行き過ぎた欲望に対して警鐘を鳴らしています。日本の昔ばなしには、老夫婦と動物との触れ合いを通じた物語が多くありますが、それは自らをとりまく環境との共存共栄の道を説いているようにも思えます。動物を慈しむということは、さほど見返りのない行為ともいえます。

　短期的には損だと思える行為でも、相手を思いやる気持ちで臨めば、長期的には自らの利益に繋がるというアドボカシーマーケティング理論は、よい行いをすればよい報いがあり、悪い行いをすれば悪い報いがあるという仏教思想（因果応報）とも相通じるものがあります。

　一方で、ウソをついたり、動物を虐待したり、少しでも邪な思いを抱いた人たちは、みな手痛いしっぺ返しを喰らいます。『花咲かじいさん』に出てくるガラクタ（ゲテモノ・妖怪・欠けた瀬戸物）や、『舌切り雀』の大きいつづらから出てくる妖怪やトカゲやハチやヘビは、ウソつきで目先の欲望に駆られた人たちに振りかかる災厄の象徴として描かれています。

　せっかく善行が報われた『鶴の恩返し』の老夫婦も、好奇心が高じて約束を守らなかったために、利益を逃すことになります。『浦島太郎』も然り。せっかく亀を助けて竜宮城に招待されて楽しい宴を満喫したものの、約束を破ってしまったため、束の間の快楽が実は長い人生の浪費であったと気づかされます。

ネット上にはウソつきが跋扈している

　誰もが昔ばなしの老夫婦のように正直者でいたい、ウソはいけないと思っているはずです。しかし、残念ながらネット上には多くのウソつきが跋扈しています。

　ユーザーの利益を考えず、その場しのぎで切り抜けようとするウソつきです。最

正直者　037

近はGoogleのアップデートによって減ってきましたが、「ブラックハットSEO」[※13]は、Googleを騙して検索上位を狙うウソつきの代表格でしょう。いまだ後を絶たないステマ（ステルスマーケティング）[※14]も第一級のウソつきです。ステルスマーケターは、広告主にこっそりお金をもらって、いかにも公正・客観的な記事（情報）のように見せかけながら、商品やサービスの提灯記事を書きます。

あるいはWeb上でかき集めてきた情報を適当にコピペし、情報源を明示しないコンテンツを粗製濫造するのもウソつきの始まりです。近年とても目立つのが、情報の信憑性や根拠を提示しないでSEO目当てに素人に適当に書かせるメディアです。そして被害者となるのは、信憑性のない適当な記事を読んで鵜呑みにするユーザーです。そこに、メディア運営者としてユーザーの役に立ちたいという気持ちは、さらさらありません。

気づかずについてしまうウソ

これまで説明してきたようなお金儲けに目がくらんで確信犯的にウソをつく人たちは論外ですが、私たちも常にウソをついてしまう誘惑にさらされています。

- 好きでもないのに好きと言う
- 欠点や都合の悪いことを隠す
- 出典元を明示しない

これらのウソは、メディアを運営していると、知らず知らずのうちについてしまいがちです。記事をおもしろくしたり盛り上げたりしようとして、おいしくもないお店の料理を「おいしかった！」と書いたり、さほどサービスのよくない温泉に泊まって「また来たい」と書いたり、使ってみて微妙だと思った商品のレビューで「ほしい！」と書いたり……。

また、タイアップ記事や広告でなくても、こういう記事を書いてしまうライターは少なくありません。編集部でも「せっかく取材させてもらったんだから、辛辣な批判は控えておこう」という心理が働きます。こういった書き手の主観に頼った記事は、ウソを書いているという意識も希薄なのですが、続けているとボディブロー

[※13] **ブラックハットSEO**：検索エンジンの「裏をかく」形で、検索ランキングを上げるSEOのこと。ターゲットサイトにリンクを張ることだけを目的にした独立サイトを量産したり、人工リンクを獲得するリンクファームを使ったりといった「人工被リンク」などの手法がある。

[※14] **ステマ、ステルスマーケティング**：広告主からお金をもらい、いかにも公正・客観的な記事（情報）のように見せかけて、商品やサービスの提灯記事を掲載する手法。

038　　**2　コンテンツに愛と志を注入する方法**

のように徐々にダメージが効いてきて、そのメディアへの信頼感が薄れてきます。ユーザーもはっきり「ウソだろ！」と思わないにしても、何度も読んでいるうちに、何となくウソっぽさを感じるものです。

　もちろん、すべてのメディアがジャーナリズム精神で「真実を暴く」と息巻く必要はありません。しかし、取材を通して見えた欠点や都合の悪いことを隠すことは、ユーザーへの裏切り行為なのは間違いありません。私たちコンテンツ制作者の目的は、ユーザーの心を動かすような愛されるコンテンツを作ることなのですから。

どんなに遠回りであっても、
正直であれば必ず報われます。

2-6

具体性

「月が綺麗ですね」は通用するか？

　夏目漱石が英語教師をしていたとき、生徒が「I love you」を「我汝を愛す」と訳すと、漱石は「日本人はそんなことを言わない。『月が綺麗ですね』とでもしておきなさい」と言ったという逸話があります。この逸話の真偽はともかく、漱石の小説を読んでも、当時の日本男児が「愛してます」などと言わないであろうことは察しがつきます。夏目漱石が生きていた時代は、日本らしい奥ゆかしさが美徳だったのでしょう。だから文豪は「I love you（愛してる）」という直接的な言葉には美しさも味気もないと思ったのかもしれません。

　しかし、現代社会、特にWebメディアにおいて、「月が綺麗ですね」といったような婉曲的な言い回しでは、ユーザーにメッセージを伝えることは難しくなってきています。インターネットが普及するのに伴って、従来のマスコミから受け取る情報量は相対的に減ってきています。新聞や雑誌の部数は軒並み減り続け、若い人たちのテレビ離れも増えつつあります。私たちの情報入手の中心はインターネット、それもスマートフォンになってきています。

　つまり、私たちコンテンツ制作者は、情報入手の環境の影響を受けながらコンテンツを提供していかなければならないのです。そのとき、提供するコンテンツが読まれる（あるいは見られる）ためには、ファーストビューで瞬時に読みたい（あるいは見たい）と思わせるキャッチコピーを用意しなければなりません。

　そのためには、できるだけわかりやすく、おもしろいと思われる訴求ポイントをすぐわかるように書く必要があります。具体性が高いほど、伝達力は増加します。伝えたいメッセージを瞬時に伝えるには、具体性が必要不可欠なのです。具体的であれば長さはあまり気にしなくても大丈夫です。長すぎて理解しづらくなってもいけませんが、短くするあまり、わかりづらくなってしまっては意味がありません。目的は「わかりやすさ」ですから。

　では、次の例文を見てください。

1. 私の家の隣に「女性」が引っ越してきた。
2. 私の家の隣に「働く女性」が引っ越してきた。
3. 私の家の隣に「働く美人」が引っ越してきた。
4. 私の家の隣に「美人すぎる大工さん」が引っ越してきた。

2-6

1. 私の家の近くには「川」が流れている。
2. 私の家の近くには「長い川」が流れている。
3. 私の家の近くには「日本一汚い川」が流れている。
4. 私の家の近くには「桃太郎が流れてきた川」が流れている。

1. あなたも今春、「旅行」に行きませんか？
2. あなたも今春、「格安で旅行」に行きませんか？
3. あなたも今春、「格安で新婚旅行」に行きませんか？
4. あなたも今春、「5万円でハワイへ新婚旅行」に行きませんか？

　どのコピーが最もイメージが湧きやすいですか？　印象に残りますか？　文が多少長くなっても、具体的であればあるほどユーザー(読者・消費者)はイメージが湧きやすく、そのイメージに興味を持てば自分ゴト化してくれます。これが漠然としていると、イメージすら沸かないため、自分ゴト化がしづらく、好き嫌いや興味があるかないかの判断もつきません。

　もう1つ、例文を見てみましょう。

美しい花を贈ったら彼女はすごく喜んだ。

　「美しい花」が、可憐な花なのか？　色鮮やかな花なのか？　花束なのか？　一輪の花なのか？　何色の花なのか？　まったく見えてきません。「贈ったら」は、どうやって贈ったのか？　「喜んだ」とは、微笑んだのか？　叫んだのか？　泣いたのか？　抱きついたのか？　そういった情報がないため、光景が浮かびにくいのです。

具体性　041

> 一輪の赤いバラを手渡したら彼女は目を丸くして喜んだ。

　花を渡す光景がかなり浮かびやすくなったのではないでしょうか。抽象的な美辞麗句より、具体的な動作の描写のほうが、読む人は瞬時に光景が目に浮かび、理解しやすくなります。

具体的なキーワードはSEOにも効く

　具体的なキーワードは、訪れたユーザーに伝えたいメッセージを瞬時にわかりやすく伝えられるメリットがあると同時に、ユーザーの検索ニーズにも応えることになります。したがって、自ずとSEO的にも効果を生みます。
　ここでは、「はちみつシャンプー」を例にキャッチコピーを作ってみましょう。

> 髪を美しく、しなやかに仕上げてくれる香り豊かな天然シャンプーは、本物のはちみつ入り。

　何がUSPかわかりません。かなり漠然とした抽象的なコピーですね。ユーザーがシャンプーを買い替えたいと思ってネットで探す場合、買い替えたい理由があるはずです。そのときに、たまたま「はちみつシャンプー」の存在を知っていれば、「はちみつ　シャンプー」で探すかもしれません。あるいは「髪　美しい　シャンプー」で探すかもしれません。しかしこの場合、ユーザーにははっきりした目的はないといっていいでしょう。
　「枝毛　防止　シャンプー」なら、枝毛が気になっている人でしょう。「天然成分　ダメージ　シャンプー」では化学配合物で髪が傷んでいて悩んでいるのでしょう。ユーザーの検索ニーズも少し具体的になってきます。あるいは、最近トレンドのキーワードで検索する人も多いかもしれません。「サルフェートフリー　ラウレス硫酸フリー　シャンプー」ではどうでしょう。すると、このユーザーは、ほしいシャンプーがかなり具体的に決まっていることがわかります。具体的なキーワードで検索してくるユーザーを対象にコンテンツを制作すれば、それだけユーザーのニーズに応えられるわけです。

「美しい」「しなやか」「香り」「ダメージ」といったキーワードは多くのシャンプーが謳っていることですし、意味が広すぎて必ずしもニーズに合ったユーザーからの流入になるとは限りません。「サルフェートフリー　ラウレス硫酸フリー　シャンプー」で探しているユーザーは、天然成分のシャンプーを探していることが明らかです。でも、天然成分を謳っている多くのシャンプーが、「サルフェート」や「ラウレス硫酸」は使用していなくても、実はほかの化学成分が配合されていると知ったらどうでしょう。そこに、はちみつシャンプーが完全なオール天然成分のシャンプーであることを伝えられたら、ユーザーはどう反応するでしょうか。

　具体的なキーワードを織り込むことは、ユーザーが求めるニーズに応えることでもあるのです。

**忙しい現代社会では、
遠回しな抽象的表現は伝わりません。**

2-7

舞台裏

優良顧客を育むためにしたこと

　私が最初にコンテンツマーケティングの原体験をしたのは、2000年頃のことでした。当時、私が編集に携わっていたJAL（日本航空）の機内誌は、既存顧客のリピーター化、つまり「またJALに乗って旅行しよう」と思ってもらうというロイヤルティの向上が主な目的でした。機内誌には「JALってこんないいサービスですよ！　またJALに乗って！」というプロモーションの記事はほとんどありません。乗客に「旅のおもしろさ、世界のおもしろさ」を知ってもらうことで、旅をしたい！という人が増えることを狙った戦略なのです。

　ここで、改めてコンテンツマーケティングの定義を振り返ってみましょう。

> コンテンツマーケティングとは、見込み客や顧客にとって価値のあるコンテンツを提供することで、興味・関心を持ってもらい、売り上げにつなげるマーケティング戦略である。何度も訪問して購入してくれる優良顧客を育むために、継続的に訪問したくなるコンテンツ戦略が重要になる。

　私が「何度も訪問して購入してくれる優良顧客を育む」コンテンツを作るために、いつも考えていたのは「舞台裏」の設定と、その演出でした。

　機内誌は海外や国内を飛行機で移動するときに読むものなので、扱うテーマは当然「旅」が多くなります。しかし、ただ観光名所を紹介するだけでは、読者に満足してもらうことはできません。そこで、宿泊施設や観光地のお役立ち情報だけではなく、世界中の各地に根づく人・文化を通じて、その土地の魅力を楽しみながら深く知ってもらうというコンテンツ作りを目指しました。そのために、乗客にいかに退屈せずに読んで楽しんでもらうかがカギとなります。機内は窮屈な空間と退屈な時間に覆われています。その空間と時間をいかにしてくつろいで、また旅に出かけたい！と思ってもらうかということが最重要テーマでした。

　そこで当時、私がコンテンツ企画をどのように考え、それがコンテンツマーケティング施策として、どのような役割を果たしたかについて説明していきます。

発見は常に舞台裏から生まれる

　舞台裏を設定・演出することは、ふだん接することのない人たちの人間模様を描き、「意外性」「独自性」「幸福感」「発見・気づき」を読者に感じてもらうために欠かせないコンテンツ作りの原点です。

　海外取材が多かったため、外国人ジャーナリストと組むことが多かったのですが、特によく組んでいたのは、あるイギリス人のジャーナリストでした。私は彼のイギリス人特有のユーモアセンスがとても気に入っていて、彼のキャラクターを生かして何かできないかと考えました。そこで、裏テーマとして「舞台裏体験シリーズ」を掲げ、彼に現地での体験レポートを書いてもらうことにしました。これには、旅行者に「海外でこんなおもしろい体験をしてみては？」と訴求するのではなく、舞台裏のストーリーを通して、その土地の文化を奥深く知ってもらいたいという思いがありました。

　たとえば、ロンドンのボディガード養成学校。ロンドンといえば近衛兵が有名ですが、近衛兵の発展形でもあるボディガードは、イギリス人にとってどんな存在なのでしょうか。私たちがふだん接することのないボディガードという仕事の実際を伝えるために、彼にはボディガード養成学校で痛い目に遭いながら、厳しい訓練を体験してもらいました。そして、ボディガードという仕事の社会的ポジションや、イギリス人の安全に対する考え方を伝えました。

　あるいは、モスクワのサーカス学校への1日体験入学。ボリショイサーカスで有名なように、モスクワはサーカスのお膝元です。サーカスを観るだけでなく、サーカス学校で平均台から何度も落ちながら、その訓練の厳しさを体験してもらいました。また、プロのサーカス団員たちにインタビューをして、彼らがどうやってあのようなアクロバットな技を身につけてきたのか、そしてサーカスという仕事への誇りを語ってもらうことで、サーカスの魅力に迫りました。

　あるいは、トンガ相撲。トンガという南太平洋に浮かぶ小さな島国で、なぜ相撲が根づいているのか。日本での活躍を夢見て日々練習に励む若き力士たちの稽古に参加し、投げ飛ばされながら彼らと交流し、トンガという国がいかに日本と文化的に深く交流がある国であるかを伝えました。

日本航空機内誌『winds』(1998〜2001年)

思い出に残る体験とは？

　旅の醍醐味は、その土地の人びとと触れ合い、そして、その土地の生活習慣や文化を体験することだと私は思っています。したがって、コンテンツを通じて、読者に一生の思い出に残る旅行体験をしてもらいたいと考えていました。もちろん、ツアーで定番の観光地を巡って記念写真を撮って、おいしい食事をして、快適なホテルに泊まる──というのも旅行体験の楽しみ方の１つでしょう。しかし、そんな体験でも、訪問地の文化を深く知っているか知らないかで、思い出や感動の深さは大きく違ってきます。

　たとえば「宇宙旅行」特集では、米国の航空宇宙博物館をはじめ、NASA、運輸省、宇宙旅行会社、米軍基地、宇宙飛行士など、宇宙旅行に関する観光地から、その開発に関わる舞台裏まで取材しました。

　「ディズニー」特集では、ディズニーランドの創始者ウォルト・ディズニーの右腕だった伝説のプロデューサーやキャスティングディレクターなど、裏舞台の仕掛け人たちを取材しました。ディズニーランドやディズニーワールドの世界観がいかにして作られてきたかを紹介することで、ディズニーの奥深い世界を楽しんでもらえると思ったからです。

　「メジャーリーグ」特集では、野茂英雄投手がニューヨーク・メッツに移籍したタイミングで、東地区のメジャーリーグを訪れました。そのときは「ベースボールの起源を巡る旅」というテーマで、ベースボール生誕の地とされるクーパーズタウンを紹介したのをはじめ、100年以上前にベースボールのルーツとなったといわれる球技を体験たり、3A、2A、1Aといったマイナーリーグの選手たちを取材したりと、メジャーリーグが現在の人気スポーツに発展するまでの歴史を追いました。

　「ウクレレ」特集では、ハワイのウクレレ工場を中心に、現地で人気のウクレレミュージシャンを取材し、ウクレレがなぜハワイという土地で生まれたのか、ハワイにとってウクレレ音楽はどんな意味を持つのかを探求しました。

舞台裏は体験に価値を与える

　これらの取材が、単に「NASAや航空宇宙博物館を観てきました」「ディズニーワールド完全マニュアル」「メジャーリーグ観戦記」「ウクレレ工場探訪記」に留まるレポート記事だったら、どうでしょう。興味を持って実際に訪問をしてくれる読者もいるかもしれません。しかしそれは、どこにでもありそうな観光情報になり、「ああ、これが記事で紹介していたところね」と、ただの追体験になり兼ねないのです。舞台

046　**2　コンテンツに愛と志を注入する方法**

裏のストーリーは、読者にその土地の文化的背景を知った上で疑似体験をしてもらうことで、体験に新しい価値を与えます。そして、読者は追体験を経て、その価値を生んだコンテンツを信頼し、その発信者である企業（JAL）に信頼を寄せてくれることになるのです。

　舞台裏の設定と演出は、読者がふつうでは知り得ない貴重な情報を提供するための手法の1つです。そして、舞台裏を取材し、伝えることができるのは、コンテンツ制作者だけなのです。

舞台裏の紹介は読者の体験に
新しい価値を与えます。

2-8 エンターテインメント

エンターテインメントは1日にして成らず

「エンターテインメント」といってもいろいろなものがありますが、基本は「人の心を動かす力」だと思っています。それは、商業メディアでもオウンドメディアでも変わりはありません。おもしろさはもちろん、「炎上マーケティング」という刺激的・扇情的なコンテンツで注意を惹くのもエンターテインメントの1つといえるかもしれません。「ツッコミュニケーション」というユーザーからのコメント・意見を促すのもエンターテインメントです。

コカ・コーラが提唱したリキッドコンテンツとは？

2011年にコカ・コーラは、「Coca-Cola Content 2020」というコンテンツマーケティングに関する所信表明の動画を公開しました。

Coca-Cola Content 2020
https://www.youtube.com/watch?v=LerdMmWjU_E

これからのマーケティングは、一方的な広告だけでは消費者には届かない・伝わらない、そのためには「リキッドコンテンツ」が必要だという主旨の内容です。リキッドコンテンツとは、消費者の興味・関心と密接な関係がありながら、液体のように広がり、拡散をコントロール、支配できないコンテンツのことです。そして、コカ・コーラは自らが目指すべきコンテンツの三原則を打ち出しています。

1 コンテンツエクセレンス[※15]を目指す
2 コンテンツで世界と人々の暮らしを良くする
3 コンテンツで、ポップカルチャーにおける圧倒的なマインドシェアを獲得する

　リキッドコンテンツもまた、ユーザーが好き勝手に遊べて、コンテンツを通してお互いがコミュニケーションを図れるコンテンツという意味で、エンターテインメントといえるでしょう。

ネイティブ広告というエンターテインメント

　近年はネイティブ広告[※16]という、新しい広告のカタチが注目を集めています。その背景には、Webメディアでの広告効果が薄れてきている(誰もバナー広告なんかクリックしない)こと、ユーザーが自ら広告表示を排除できる仕組みも生まれていることがあります。

　広告はコンテンツを制作する上で重要な収入源ではあるものの、ユーザーにとっては往々にして邪魔な存在です。最近ではアドブロック[※17]という仕組みもできて、ユーザーはWebでコンテンツを見る際に、最初から広告を非表示にできるようになってきました。これは、コンテンツ発信者にとっても広告主にとっても死活問題です。そこで注目されてきたのがネイティブ広告なのです。広告もコンテンツと同じように楽しんでもらおう！という機運も高まっています。

　「ネイティブ」という言葉は、コンテンツに「自然に馴染む、溶け込んでいる」という意味から来ています。しかし、ネイティブ広告も扱い方を間違えると「擬態広告」になりかねません。それは映画『スピーシーズ 種の起源』のように、美しい女性に擬態して男を誘惑し、セックスをすると思わせて男を食べてしまうモンスターの存在です。ステマは、その典型でしょう。

　これまで「必要悪」とされてきた広告ですが、これをユーザーが読んで楽しめるものにしようというネイティブ広告の考え方は、今後ユーザーが積極的に楽しめる広告が出てくる可能性を秘めています。そのためには、広告をいかにしてエンターテインメント性の高いコンテンツにしていくかがカギを握ります。

※15　**コンテンツエクセレンス**：コカ・コーラでは「自分たちでは制御不能なまでに拡散し続けるアイデアを創造すること、情け容赦ない編集者のようにふるまうこと」と定義している。
※16　**ネイティブ広告**：詳細は一般社団法人 日本インタラクティブ広告協会（JIAA）が「ネイティブ広告に関するガイドライン」(http://www.jiaa.org/guideline.html) を発行しているので、興味がある方はぜひ読んでみてください。
※17　**アドブロック**：Webブラウザやスマートフォンのアプリで最初から広告表示をしないように設定ができる仕組み。広告主や広告収入に依存するメディアには大きな痛手となっている。

新しい広告のあり方を示す試金石

　LINEが運営する「全力コラボニュース」は、LINEのチーフプロデューサーの谷口マサト氏が仕掛ける企画ですが、ネイティブ広告を上手に活かして成功している事例です。ネイティブ広告は、通常コンテンツの中に「馴染ませる」カタチでさりげなく織り込ませますが、「全力コラボニュース」はlivedoorニュースを母体としながらも、ネイティブ広告だけを集めた人気企画として成立しています。通常のlivedoorニュースの記事の「いいね！」が数十個程度であるのに対し、「全力コラボニュース」のネイティブ広告は常に数百～数千の「いいね！」がつく人気コンテンツとなっています。つまり、広告でありながら邪魔者ではなく、通常の記事よりも読まれているのです。

全力コラボニュース
http://news.livedoor.com/zenryoku/

　たとえば、ドライヤーのネイティブ広告では「薄毛男子がモテている」、パンツのネイティブ広告では「こんなワインに合うパンツはこれで、これを履けばよりワインが美味しくなる」という「おもしろ企画」を展開しています。このネイティブ広告の作り方については、谷口氏の著書『広告なのにシェアされるコンテンツマーケティング入門』[※18]に詳しいので、興味のある方はぜひ読んでみてください。

　また、下着メーカーのワコールのように、ネイティブ広告の未来を示唆するよう

※18　『広告なのにシェアされるコンテンツマーケティング入門』（谷口マサト 著／宣伝会議／ISBN978-4-88335-308-8）

なユニークなネイティブ広告を試みている企業も出てきています。ワコールのメンズ下着の「BROS」は、インパクトのある企画のネイティブ広告を出し、バイラルに成功しています。インテリア系メディアの『ROOMIE』に「2015年の"上質な暮らし"ってこういうことかも」という記事でバズらせたり、Yahoo! JAPANの運営する『ネタりか』で、「オトコのお悩み解決!? 乱れたちんポジを直す『チンポジャーX』を作った結果」というネイティブ広告を出して話題になりました。今後の広告のあり方を示唆するワコールのネイティブ広告には、ぜひ注目していきたいところです。

ROOMIE：2015年の"上質な暮らし"ってこういうことかも
https://www.roomie.jp/2015/03/245491/

ネタりか：オトコのお悩み解決!? 乱れたちんポジを直す『チンポジャーX』を作った結果
http://netallica.yahoo.co.jp/news/20160908-28868022-netallica

エンターテインメントに挑戦しない企業に未来はない

　もちろん「おもしろい」だけがエンターテインメントではありません。バイラルすればいいというものでもないでしょう。近年は、コンテンツに少しでもつけ入る隙があると、それが広告であろうと記事であろうと、ネットですぐ騒ぎになることが少なくありません。そう考えると、大手企業がオウンドメディアの記事や広告の制作で大胆な試みをするのは難しいかもしれません。資生堂は化粧品のCMが性差別的だと批判されて、すぐ謝罪しました。日清食品のカップヌードルのCMも批判され、すぐに放映中止されました。逆に、AGFの管理社会を賛美するような差別的CMが炎上したかと思うと、海外では高く評価されました。このように、大手企業はネットの一部の声に振り回される傾向があります。だからといって、業界を牽引する大手企業が自粛ムードになってエンターテインメントを目指さないとなると、結果的にいつまでも「広告は邪魔者」という認識を消し去ることができません。

　第一三共ヘルスケアが運営するオウンドメディア『おれカラ』は、医薬品という表現の制約が非常に厳しい業界にあって、積極的にエンターテインメント性の高いコンテンツ制作に取り組んでいます。オウンドメディアなので、いわゆる広告ではありませんが、「カラダすべて白書」をはじめ、健康に関する著名人インタビュー「賢者の仕事、賢者の健康」、ドランクドラゴンの鈴木拓さんや有名YouTuberの森翔太さんを連載陣として起用するなど、まだ本数は少ないものの、1本1本が丁寧に制作されています。エンターテインメントと課題解決型コンテンツの両立を目指すオウンドメディアの典型的なスタイルといってよいでしょう。

働くサラリーマンの健康マガジン『おれカラ』
http://www.daiichisankyo-hc.co.jp/orekara/

エンターテインメント性の高いコンテンツを演出することは難易度も高く、リスクを負うことも多々あります。しかし、ネイティブ広告という、時代に合った広告の新しいカタチが台頭してきたことは、企業やメディアにとって大きなチャンスです。ネイティブ広告を上手に活かせば、ユーザーも広告主もメディアもハッピーになれる、エンターテインメント性の高い記事や広告が、もっと増えてくると信じています。

今こそ、邪魔者扱いの広告を
エンターテインメントにしましょう。

2-9

話題性

ユーザーにリーチするために

　話題性を扱うためには、常に情報アンテナを張って、トレンドを把握しておかなければなりません。話題性のあるテーマを扱うメリットは、人の関心を惹くのが比較的容易なことです。なぜなら、これだけ情報が溢れる中、人は少なくとも最新ニュースだけは日々入手するからです。政治、社会、芸能、文化など、人によって関心の熱度や範囲は違えども、よほどの世捨て人でもない限り、ニュースを遮断する人はいません。したがって、タイムリーに話題性の高い情報を追いながらコンテンツを制作することは、ユーザーにリーチするためにはとても重要なのです。

　たとえば、あなたが女性向けのシャンプーを売っているのであれば、今日の女性が髪に対してどんな意識を持っているのかをリサーチをするでしょう。流行のヘアスタイル、トレンドとなっているシャンプーの傾向、流行っている美容院などの最新状況を把握しなければなりません。そして、自社商品に関連した事象と絡めながら紹介していけば、メディアに取り上げられる機会も増えるはずです。あるいは、自らトレンドセッターになってマスメディアに取り上げられることもあるかもしれません。トランプ大統領の髪型が話題になれば、「トランプ大統領のヘアスタイルはシャンプーが原因？　もしこのシャンプーに切り替えたら？」というテーマでもよいでしょう。時流に乗って注目を浴びるためには、コンテンツ自体に訴求力と説得力があれば何でも構わないのです。

　時流を追わなくても、ハロウィンやバレンタインデーといった定期的イベントに乗るのも鉄板の手法です。女性誌などは、ほぼ毎年繰り返される定期イベントに合わせて企画が立てられています。社会問題化している貧困女子や貧困児童、少子化、高齢化、ブラック企業、残業、パワハラ上司、風疹、メンタルリセット、アンガーマネージメント、ポケモンGO……どんなものでも構わないのです。

　特にFacebookなどのソーシャルメディアでは、その日のトピックスによって、集客への影響が大きく変わります。たとえば、大流星群が来る日に流星絡みのコンテンツを出さない手はありません。大雪が降れば雪を、桜が開花すれば桜を、不倫スキャンダルが続けば不倫をテーマにすればよいわけです。

　私がある映画配信サービスのFacebookの運営をお手伝いしていたときは、コンテンツカレンダーを作成し、毎日のイベントを記入していました。その月の暦上の

054　2　コンテンツに愛と志を注入する方法

定期的イベント（バレンタインデー、母の日など）をはじめ、記念日（11月22日は「いい夫婦の日」、11月29日は「いい肉の日」）などなど。満月が大きく見えるスーパームーンの日には『月はどっちに出ている』『月の輝く夜に』『アポロ13』といった月に関連する映画を紹介したり。大火災が起きれば『タワーリング・インフェルノ』『バックドラフト』『デイライト』など、火災の注意喚起を促す作品を紹介するとか、突然飛び込んできた事件や事象に合わせて、市場が興味・関心を強めた題材を瞬時に扱っていきました。

時代の空気を映し出すのもトピックス

　東京のグルメ情報を扱う『東京カレンダー』は、創刊から2年で月間2,000万PVにまで成長した人気メディアです。その立役者となったのが、東京に暮らす意識高めのおしゃれな男と女の「気分」を描いた数々のショートストーリーです。バイラルコンテンツには欠かせない「ツッコミュニケーション」も意識した男女の今どきの「あるあるな気分」を反映し、東京に暮らす多くの人たちの共感を誘いました。Webメディアでは、『東京カレンダー』のショートストーリーのように気軽に読めて、「あるある」と「あるわけねえだろ」の共存したツッコミどころ満載のコンテンツが往々にして強いバイラル力を秘めていることがあります。

東京カレンダー
https://tokyo-calendar.jp/

　また、先に紹介したワコールの男性下着「BROS」のネイティブ広告「2015年の"上質な暮らし"ってこういうことかも」も同様です。ツッコミどころ満載ながら、時代の空気感を上手に伝えることで成功した例です。炎上と表裏一体の反響ながらも、現代の若者の気分をうまく反映したコンテンツだったからこそ、バイラルしたのでしょう。

トピックスの探し方と活かし方

　今はトピックスの素材を探すのにも便利な時代です。昔ならテレビや新聞や雑誌をこまめにチェックしなければなりませんでした。私は学生時代に広告代理店のマーケティング局でアルバイトをしていたことがあるのですが、毎日、14の一般紙と業界紙からクライアントに関連のある情報を探し、切り抜きをしてファイルにクリッピングするというものでした。今思うと、この情報の集め方は時間と手間のかかる作業の割に、現場ではその情報をうまく活かせていなかった気がします。

　現在では、「Googleトレンド」「Googleアラート」「Googleキーワード プランナー」といった無料のツールを使うだけでも、かなり高い精度で必要な情報を収集できます。あるテーマの情報が必要であれば、ソーシャルメディアで生の最新情報やトレンドを簡単に集められます。しかし重要なのは、「集める」ことではなく、集めた情報を「分析・加工」してコンテンツ制作に活かすことです。

　かつて大手広告代理店からいただいた仕事で、何十ページにもおよぶ解析データを毎週お経のようにひたすら読み上げるという「儀式」がありました。その解析データをもとに、PDCA（Plan→Do→Check→Action）のCheckだけを延々とやっているようなものです。これでは、情報をせっかく集めても、コンテンツ制作に活かすこともできず、何の意味もありません。

アンテナを高く広く張って、
好機をすばやくつかみましょう。

2-10

課題解決

3つの目的で作られるコンテンツ

　制作するコンテンツは、その目的によって3つに分けられます。

　1つは、映画、音楽、漫画、小説、ゲームなど、人びとの好奇心を刺激し、楽しませるエンターテインメント系コンテンツです。その多くは、市場に出る前に制作や告知などに資金を投入します。コンテンツ自体の商品価値が高く、それ単体で売れるコンテンツです。

　もう1つはテレビ、ラジオ、新聞、雑誌などの従来型のマスメディアや、多くのWebメディアが制作するコンテンツです。結果的にコンテンツ自体で売り上げを立てることもありますが、多くは広告主からの出資で制作したり、広告収入ビジネスモデルにしたりするコンテンツです。

　そして最後に、企業が運営するオウンドメディアのコンテンツです。自社の商品やサービスに繋げるのを目的に制作されるコンテンツです。オウンドメディアの多くは、ユーザーが抱える悩みや課題、要望に応え、解決のお手伝いをすることで、自社の商品やサービスの売り上げに繋げるのが主な目的なので、自ずと課題解決型コンテンツが主流となります。

　また、課題解決型コンテンツにも段階があります。中には、コンテンツ不要の企業もあります。わざわざコンテンツを使ってブランド力を育んだり、顧客との信頼関係を結ぶためのコンテンツを配信しなくても、商品がすでに強力なブランド力を持っている企業の場合です。そのような企業に対して、ユーザーは、ほかに選択肢はなく、このブランドだけが自分のニーズを満たすことができると感じています。ユーザーは、そのブランドが自分のニーズに応えてくれるに違いないと強く感じています（お金にも余裕が出てきたし、そろそろステイタスのあるベンツやBMWでも買おうか……とか）。

　しかし、そんな企業でも、情報を発信しなければ生き残れない時代です。トヨタやユニクロやソフトバンクでさえ定期的に広告を打ち、コンテンツを発信していかなければ存続できないことを知っています。企業は広告・宣伝をして商品・サービスの認知獲得を図り、広告・宣伝だけでは十分に伝わらない、あるいはそんな予算はないということでオウンドメディアを持つようになり、またコンテンツマーケティングを導入するようになったのです。

課題解決　　057

世の中のほとんどの企業は、自らのニーズを解決するための選択肢を探しているユーザーを対象にします（どこも似たようなもので選択肢も多いから、何を基準に選べばいいんだろうなあ……とか）。

　その場合のコンテンツの作り方として、自社の商品やサービスを直接説明する広告の方法だと、メッセージはなかなかユーザーに届きません。従来の「何が→どうやって→なぜ」というプロセスで自社製品ありきの態度変容を促す広告的手法では、もうユーザーはついてこないからです。「何が→どうやって→なぜ」のプロセスに従うと、「我が社の新製品のはちみつシャンプーは（何が）、髪にやさしい天然成分のみを含有したシャンプーなので（どうやって）、毎日使ってきれいな髪を実現します（なぜ）」となります。課題解決型でユーザーの悩みや課題に応えるためには、このようなプロセスでユーザーが心を動かすことは難しいのです。

　ユーザー視点に立つコンテンツマーケティングの場合、「何が→どうやって→なぜ」を「なぜ→どうやって→何が」というプロセスで説明していきます。「あなたの髪を美しくするために（なぜ）、髪に最も優しいシャンプーとは何かを研究し続け（どうやって）、その結果、開発されたのがはちみつシャンプーです（何が）」となります。自社製品ありきではなく、「ユーザーファースト」です。ユーザーの課題解決や利益から訴求すると、共感を生みやすくなります。前者と後者でいっていることはまったく同じですが、受け取るユーザーが「自分のため」の情報であると感じることが重要なのです。これが課題解決型コンテンツの狙いであり、コンテンツマーケティングを実施する目的なのです。

コンテンツマーケティングの視点

顕在層と潜在層、それぞれに訴求するコンテンツ

　ある製薬会社の方に聞いたことがあるのですが、昔（2010年頃まで）は医薬品や健康に関する情報は有料でしか手に入らない貴重なものだったそうです。その製薬会社がオウンドメディアを始めたきっかけは、正しい医薬品の使い方や病院に行くまでもない症状のときの対処法など、疾患啓発の情報を提供したいと考えたからだとのことです。ただ、製薬会社から発信する情報は顕在層には比較的届きやすいのですが、潜在層には届きにくいそうなのです。

　医薬品や健康などの人命に関わる情報を扱う場合、コンテンツの内容には慎重かつ丁寧に制作する必要があります。顕在層に向けた情報提供だけだと市場は広がらないから、潜在層にもリーチするようなエンターテインメント性の高いコンテンツも制作する——この考えはコンテンツマーケティングの王道の施策です。

　同社のオウンドメディアは、たしかにお金と労力をかけていることがひと目でわかる品質の高さがうかがえます。実際に顕在層向けの医薬情報よりも集客に貢献しているとのことですが、商品購入のコンバージョンにはなかなか繋がらないと、ジレンマを感じているようでした。潜在層向けのエンターテインメント系コンテンツなので、すぐにはコンバージョンには繋がらないでしょう。しかし、私は製薬会社としては正しい情報提供のあり方だと考えています。

課題解決型コンテンツはユーザーに責任を持つ

　課題解決型コンテンツが、エンターテインメント性のある楽しいコンテンツであってもよいでしょう。むしろ、そうなることが理想的です。しかし、集客だけを目的に扇情的・刺激的なキャッチで釣り、真偽の不明瞭な情報は、決してユーザーのための課題解決型コンテンツでありません。かえってユーザーに被害をもたらす有害コンテンツといってよいでしょう。

　コンテンツマーケティングはユーザーの課題を解決するための施策であって、Googleを欺き、広告主を騙してお金を儲けることではないのです。

ユーザーの役に立つコンテンツであることを
最初に宣言しましょう。

2-11

継続

コンテンツマーケティングは長距離走

「釣った魚にエサはやらない」「ミルクがただで飲めるうちは牛を飼う必要はない」という諺（迷言？）を聞いたことがありますか？　どちらも一度手に入れたら、後は放置しておくという意味です。コンテンツマーケティングは広告ではありません。「エサで釣る」「ミルクをただで飲む」ことが目的ではななく、「エサを与え続ける」「牛を飼う」ことが目的なのです。

コンテンツマーケティングは結果が出るまで時間がかかるため、よくマラソンにたとえられます。長期戦ゆえに、ネタ切れ、投資対効果、社内圧力、売り上げ、制作費、リソース確保など、難題が次々と立ちはだかります。それゆえに、コンテンツマーケティングを行う理由と目的を最初に明確に設定しておく必要があります。ゴール設定をきちんと決めないで走り出すと、「こんなのいつまでもやってられねえ！」と、途中で頓挫することになってしまいます。==コンテンツマーケティングを長期間、気持ちよく走らせるためには、明確なコンテンツ設計が必要になります。==

コンテンツは、完走するために必要となるエネルギー源です。コンテンツなくして走り続けることはできません。長距離走には「ランニングハイ」という言葉があります。これは長く走る続けることで、苦痛を和らげるためのβ-エンドルフィンという「脳内麻薬」が分泌されるためといわれています。

では、コンテンツマーケティングという長距離走では、どんな「脳内麻薬」を分泌すればよいのでしょうか。それは良質のコンテンツを作ることです。安いからといって毎日ハンバーガーばかりを食べていればカラダを蝕みます。コンテンツでも、意図と目的をもって栄養バランスを考え、計画的に設計する必要があるのです。

70：20：10の法則

そこで役に立つのが「70：20：10の法則」[19]です。もともとはリーダーシップ

※10　**70：20：10の法則｜**米国のリーダーシップ開発ツールを提供するロミンガー社（現在は、コーン・フェリー・ヘイグループの一部門）の調査によると、経営幹部としてリーダーシップをうまく発揮できるようになった人たちに「どのような出来事が役立ったか」と調査した結果に基づく。

2　コンテンツに愛と志を注入する方法

開発のために考えられた「70%が経験、20%が薫陶、10%が研修」がもとになった法則だそうです。

たとえば、ビジネスなら「70%は既存事業の強化、20%は成長プロダクトの開発、10%は新規事業」。私たちの身近な生活費なら「70%は支出や消費、20%は貯蓄、10%は投資」。毎月の手取り収入が30万円だとしたら、21万円を支出、6万円を貯金、3万円を投資。なるほど、これならできそうですね。恋愛なら「性格70%、外見20%、意外性10%」といったところでしょうか。

「70：20：10」の法則を、コンテンツマーケティングに当てはめてみましょう。「70%は既存市場、20%はオリジナル市場、10%はニッチ市場」となります。これは、コカ・コーラ社も実践していることで知られます。

70%（既存市場）

多くのユーザーが興味を持っているコンテンツです。特有の領域ではないですが、市場のニーズなので定期的に発信する必要があります。ユーザーの課題を解決したり、欲望を満たしたりするコンテンツなので、すでにニーズが明白にある要素を取り入れるのがよいでしょう。寝具を売る会社であれば、「快眠」や「不眠解消」に関するコンテンツを配信します。レンタルスペースを提供する会社なら「地域、広さ、用途」に応じた会場や会議室を紹介するかもしれません。

とはいえ、Web上を漁ってコピペするだけの二次情報には大した価値は生まれません。安いからといって、クラウドソーシングで1本数千円・数百円のクズ記事を大量生産しても意味はありません。自社が持つノウハウを反映したコンテンツや、取材をもとにした一次情報のコンテンツを作るのが理想的です。予算的・リソース的に難しければ、せめて切り口（企画）を工夫するように心がけましょう。

これらのコンテンツは、主にユーザーが抱える課題や悩みに応える「課題解決型コンテンツ」となります。

20%（オリジナル市場）

競合他社との違いを生み出せるコンテンツです。市場が興味・関心を示していても、競合他社はそれを満たせず、自社しか提供できないオリジナルコンテンツです。

たとえば結婚プロデュースを手掛ける会社であれば、お客さんの結婚式から「泣けるシーン」だけを集めた動画を配信したり、「引き出物の人気ランキング」など、自社で独自に調査したオリジナルコンテンツを作ります。

レンタルスペースを提供する会社なら「眠くならない会議室」「会議が短くなる会議室」「必ずカップルが成立する合コン会場」といった特集をしてもよいでしょう。

ただ商品やサービスを紹介するのではなく、自社のサービスである「モノ軸」から、ユーザーが自分ゴト化できるような「コト軸」「ヒト軸」に置き換えるのがコツです。

これらのコンテンツは、主に企業のオリジナリティを打ち出し、広く拡散を狙うことも多いので、「ブランド訴求型コンテンツ」としての役割も果たします。

10%（ニッチ市場）

それほど多くの人が興味を持たないものの、自社が市場で確実に違いを出せるコンテンツです。多少のリスクを取ってもやる価値があると考えられるコンテンツを制作します。挑戦のないところに成長はありません。10%のリスクが取れないようでは、コンテンツマーケティングの成長はないと考えていいでしょう。

たとえば、インターネット専門の生命保険を扱うライフネット生命は、人気メディアの『デイリーポータルZ』と組んで「ハトが選んだ生命保険に入る」という異色のコンテンツを配信しました。これは、ニッチ市場を狙った典型的なコンテンツといえるでしょう。

こういったコンテンツは、主にバイラルを喚起する手段として使われる「バイラル喚起型コンテンツ」となります。

ハトが選んだ生命保険に入る
http://portal.nifty.com/2009/07/24/a/

Web制作会社のLIGは、「伝説のウェブデザイナーを探して…」と題して、社長自らが浜辺に埋められるコンテンツで一躍有名企業になりました。おもしろコンテンツで知られる同社も、実はこのニッチ市場を狙った「バイラル喚起型コンテンツ」は、全体の10%〜20%程度で、残りの80%〜90%は「課題解決型コンテンツ」「ブランド訴求型コンテンツ」を配信しています。

伝説のウェブデザイナーを探して…
http://liginc.co.jp/recruit/legend-designer/

コンテンツはカンフル剤ではなく、「脳内麻薬」

　コンテンツマーケティングでは、たくさんのハードルを乗り越え、たくさんの汗を流さなければなりません。速く走ったからといって、3カ月や半年ですぐに結果が得られるものではありません。場合によっては1年、あるいは3年かかるかもしれません。

　途中で計画的に即効性の高いカンフル剤（広告）を投入する手段をとってもよいでしょう。しかし、カンフル剤（広告）は、使い続けると、どんどん麻痺して効きが悪くなり、費用もエスカレートしていきます。

　継続こそが力です。コンテンツマーケティングは、カンフル剤に頼ることなく、知恵を絞り、コンテンツという「脳内麻薬」を分泌して苦難を乗り越えていく戦略です。視覚、聴覚、嗅覚、触覚を駆使して頭を研ぎ澄ませば、必ずや愛されるコンテンツが、あなたを「ランニングハイ」へと導いてくれることでしょう。

長距離を走るために
コンテンツの配信バランスも考えましょう。

2-12

ストーリー

ストーリーの三幕構成

　古代ギリシアの哲学者アリストテレスは、ギリシア悲劇において、ストーリー全体を3つに分けて構成する「三幕構成」を唱えたことでも知られます。この三幕構成は2000年以上を経た今日のハリウッド映画でも導入されている手法で、ストーリー作成の基本ともいわれます。その三幕構成とは、次のようなものです。

● **第一幕（状況設定）**
　問題の提示。主人公が悩み、あるいは窮地に追い込まれる。

● **第二幕（葛藤）**
　問題の解決へ向けた行動。主人公は窮地から逃れようとするが、壁にぶち当たり、その結果さらなる窮地に追い込まれる。

● **第三幕（解決）**
　問題の解決。主人公が窮地を脱する。あるいは挫折する。

　一例として、私自身の原体験を例に当てはめてみましょう。

● **第一幕（状況設定）**
　母乳を飲んでいる隣人の赤ちゃんの姿を見て、自分はなぜ母乳じゃないのか？と問題を提示。

● **第二幕（葛藤）**
　母乳が飲みたい！とワンワン泣いて母親に直訴──問題の解決へ向けた行動をとる。母乳が出ないものはしょうがない……。さて困った。

● **第三幕（解決）**
　そこで母親は考えた。すでに母乳が出なくなっていた母親は、隣人のおばさんに頼んで母乳を吸わせてもらうことに。私（主人公）は、母親の母乳は望めなかったものの、他人の「母乳を飲む」という試みにより、とりあえずの窮地を逃れる。

　これが三幕構成です。あなたも、試しに自分の体験を振り返ってみてはいかがでしょうか。きっと、この三幕構成「状況設定」「葛藤」「解決」がぴったり当てはまる

064　**2　コンテンツに愛と志を注入する方法**

はずです。なぜなら、人生は三幕構成のストーリーそのものなのだからです。

生まれる→生きる→死ぬ

起きる→食べる→寝る

恋する→結婚する→子供を授かる

怒る→闘う→勝つ

モテない→自分を磨く→モテる

　私たちコンテンツ制作者は、この三幕構成に従って、ユーザーの抱える課題の解決に導くのです。

心が動くストーリーに必要な「変化」と「コントラスト」

　では、三幕構成ができていればストーリーは必ず成立するのでしょうか？　答えはイエスであり、ノーです。ストーリー自体は作れるかもしれませんが、心を動かされない退屈なストーリーでは意味がありません。

　「生まれる→生きる→死ぬ」は一生の過程でしかありませんが、これを太宰治風に言い換えると、「生まれる（状況設定）→生まれてすみません（葛藤）→自殺（解決）」となって、三幕のプロセスにコントラスト（対比）が生じます。

　人は「起きる→食べる→寝る」だけの退屈なルーティンの人生を見せられても共感も感動もしませんが、「路頭で目覚める（状況設定）→寒さと空腹に苦しむ（葛藤）→美女にパンと寝床を提供される（解決）」と、三幕のプロセスになると変化（ドラマ）と対比が生まれ、心を動かされ、共感を促されます。

　心を動かされるストーリーのツボは、この「変化」と「コントラスト」にあります。たとえばスポーツ。スポーツは筋書きのないドラマともいわれますが、野球なら10対1の快勝より、シーソーゲームの末の9回裏の逆転サヨナラ満塁ホームラン。サッカーならロスタイムでの勝ち越しゴール。スポーツ観戦において、土壇場での大逆転が感動を生むことは、誰もが体験で知るところです。

　あるいは、大ヒットした映画やドラマ。キャラクターなら、『スター・ウォーズ』のハン・ソロとルーク・スカイウォーカー、『ダークナイト』のバットマンとジョーカー、『24』のジャックとクロエ、『ローマの休日』の王妃と新聞記者……。構図なら、善と悪、失敗と成功、挫折と成長、貧乏と金持ち、男と女、生と死……。

　このように心を動かされるストーリーでは、必ず「変化」と「コントラスト」が

ストーリー　　065

強く描かれています。問題提起から問題解決に至るプロセスにおいて、「変化」と「コントラスト」が強調されるほど、人は驚き、心を動かされ、共感します。

ストーリーは心に刻む記憶装置

　人は基本的に情報を記憶することが苦手です。100分の映画のあらすじを語ることはできても、出演者すべての名前を簡単に覚えられる人はいません。夜空を見上げてみてください。無数に散りばめられている星の位置も、星座を作ることで覚えていられます。「1841848194194100072」という記号としての数字を覚えることはできなくても、「イヤよイヤよはイクよイクよと同じ」というストーリー（語呂合わせ）に置き換えればすぐ覚えられます。単なる名前や数字の羅列には「変化」と「コントラスト」がないため、心を動かされることもないし、記憶することも困難です。逆に秀逸なストーリーに出逢ったとき、私たちは、遠い昔に読んだ童話のストーリーでも決して忘れません。

　人は何も起こらない事実や無機質な情報にはすぐ退屈します。それが心を動かすストーリーであれば、たとえ悲劇であろうと恐怖であろうと興味を抱き、心に留めます。ストーリーは、それほどまでに人の心を動かし、記憶に残るものなのです。だから、人に何かを伝えるときにはストーリーが欠かせないのです。ストーリーは心を動かすスイッチであり、伝えたい情報を心に刻む記憶装置なのです。

ストーリーの主人公はあなたではない

　あなたは今、ビジネスにおいてユーザー（読者・消費者）に自社の魅力を伝え、商品やサービスを購入してもらいたいと考えているとします。

　あなたのストーリーの主人公は、あなた自身です。しかし、あなたがユーザーに伝えたいと思うストーリーの主人公は、あなた自身ではありません。あなたは主人公であるユーザーを第一幕（状況設定）から第三幕（解決）へ導くメンター（助言者）なのです。ユーザーが『バットマン』のブルース・ウェイン（主人公）なら、あなたは執事のアルフレッド・ペニーワース（メンター）であり、ユーザーが『スター・ウォーズ』のルーク・スカイウォーカー（主人公）なら、あなたはヨーダ（メンター）なのです。

　ユーザーがある問題を抱え、それを解決したいと思ったとき、あなたが一方的な主張をしたら、ユーザーはあなたに心を動かされたり、共感を抱くでしょうか？

　多くの企業は自社のアピールに躍起になるあまり、意外にもこういう一方的な主張をしがちです（表現方法はもう少し遠慮がちだとしても、プッシュ型のペイドメ

ディアは、これに近いアプローチといえます）。ユーザーが自分の求める情報を好きなように取捨選択できる時代です。やみくもに一方的な自己主張だけをしても、ユーザーの耳には届きません。もちろん心も動かされないし、共感もしません。仮に瞬発的に興味を引いたとしても、一過性で終わるのがオチでしょう。

ヒーローホイールの12段階

　三幕構成をさらに分解したストーリー構成に「ヒーローの旅」というものがあります。「ヒーローの旅」とは、ジョセフ・キャンベルの著書『千の顔をもつ英雄』[20]をベースに、脚本家のクリストファー・ボグラーが自著『神話の法則――ライターズ・ジャーニー』[21]でストーリー構成を12段階に簡素化してまとめたものです。「ヒーローの旅」はもともと作家や脚本家のためにまとめられたものですが、コンテンツマーケティングにおいても、ユーザーとコミュニケーションを図るための手法として有効です。

　下図はその「ヒーローの旅」を円グラフにまとめた「ヒーローホイール」と呼ばれるもので、頂点の1から時計回りに12まで進む「旅の行程」を表しています。

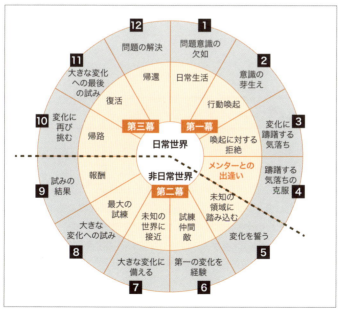

ヒーローホイール

「ヒーローホイール」の内円は、ヒーロー（主人公）が第一幕（日常世界）→第二幕（非日常世界）→第三幕（日常世界）に至る**1**〜**12**の各ステージを表しています。外円は各ステージにおけるヒーロー（主人公）の態度変容を表しています。

第一幕（日常世界）

1 日常世界（問題意識の欠如）

2 行動喚起（意識の芽生え）

3 喚起に対する拒絶（変化に躊躇する気持ち）

4 メンターとの出逢い（躊躇する気持ちの克服）

第二幕（非日常世界）

5 未知の領域へ踏み込む（変化を誓う）

6 試練・仲間・敵（第一の変化を経験）

7 未知の世界へ接近（大きな変化に備える）

8 最大の試練（大きな変化への試み）

9 報酬（試みの結果）

第三幕（日常世界）

10 帰路（変化に再び挑む）

11 復活（大きな変化への最後の試み）

12 帰還（問題の克服）

ヒーローを旅に誘うメンターの役割

では、今度はあなたの商品やサービスを「ヒーローの旅」に当てはめ、ユーザーのストーリーと同期させてみましょう。

たとえば、あなたはバラの香りのする口臭抑制サプリ「ROSE♡KISS」を売りたいと考えているとします。ペルソナは17歳の多感な男子から、これまでまともな恋愛をしてこなかった35歳までの独身男性とします。ここでユーザー（ヒーロー）のストーリーを考えてみます。外円の赤字がユーザー（ヒーロー）の態度変容となります。

※20 『千の顔をもつ英雄（新訳版）』（ジョーゼフ・キャンベル 著、倉田真木、斎藤静代、関根光宏 訳／早川書房／ISBN978-4-15-050452-6（上）、ISBN978-4-15-050453-3（下））

※21 『神話の法則──ライターズ・ジャーニー』（クリストファー・ボグラー 著、岡田 勲、講元美香 訳／ストーリーアーツ＆サイエンス研究所／ISBN4-7500-0244-5）

第一幕（日常世界）

1 日常世界（問題意識の欠如）

→口臭は仕方がない、自覚がない

2 行動喚起（意識の芽生え）

→恋人ができない、モテない

3 喚起に対する拒絶（変化に躊躇する気持ち）

→そんなの関係ない！　口臭のせいじゃない！

4 メンターとの出逢い（躊躇する気持ちの克服）

→百年の恋も冷めるよ、口臭が好きな人はいないよ

第二幕（非日常世界）

5 未知の領域へ踏み込む（変化を誓う）

→口臭を消そう！　バラの香りの口臭消しサプリ

6 試練・仲間・敵（第一の変化を経験）

→友達が増えた？　距離感が近くなった？

7 未知の世界へ接近（大きな変化に備える）

→自信が湧く、好きな女の子にアプローチ

8 最大の試練（大きな変化への試み）

→ファーストキスへの挑戦

9 報酬（試みの結果）

→バラの香りに彼女もうっとり？

第三幕（日常世界）

10 帰路（変化に再び挑む）

→自信も生まれるが移り気が災いして彼女とこじれる

11 復活（大きな変化への最後の試み

→彼女のキスほど甘く幸福を感じるキスはないと再認識

12 帰還（問題の克服）

→本当に好きなのはキミだけだよ！とハッピーエンド

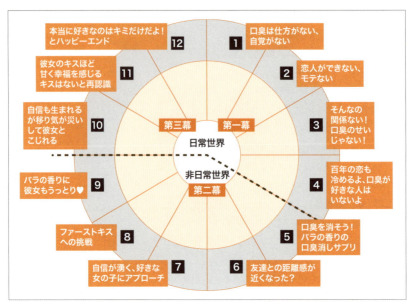

ヒーローホイール

　ここで重要なのが、ユーザーを旅に誘う4メンター（あなた）の役割です。
　あなたはユーザーに旅立ってもらい、あなたの商品「ROSE♡KISS」を購入したくなるように態度変容を促す必要があります。ただし、あくまでもユーザーが自分ゴト化できるコンテンツを発信しなければなりません。あなたは、「ROSE♡KISS」を使ってユーザーを旅に誘いますが、ここで、ことさら商品訴求をする必要はありません。この時点で「ROSE♡KISS」がどんなバラのエッセンスを使っているか、どこで生産されているか、どんな効用があるかは二次的な情報で、ユーザーの関心事はあくまでも「好きな女の子とのキス」なのです。

ストーリー体験を通じて興味・関心を抱かせる

　口臭を気にしている人には「口臭で損をしていますよ」「口臭は女の子に嫌われますよ」とメッセージを送り、口臭を気にしていない人には「キスをするとき口臭を気にしたことがある？」「自分は口臭と関係ないと思ってませんか？」「キスほどステキなものはない」と意識を芽生えさせ、キスにおける口臭の悪影響、不利益、さらには恋愛におけるキスの魅力、キスの重要性、キスの心理的効果を説くことで態度変容を促します。

たとえばキスが恋愛だけでなく、人生においてもいかに役立ち、多大な幸せをもたらすものであることを、「キスの効用」と題してさまざまなデータをストーリーにして伝えていくのもよいでしょう。

「キスの効用」(例)
・キスをするとストレスホルモンが減少する
・男性はなぜディープキスが好きで、女性はなぜリップキスが好きなのか？
・キスをすると男性は愛のホルモンともいわれるオキシトシンが急増する
・キスシーンの映像を見ると生理が安定する
・キスで肌がキレイになる
・キスは寿命を延ばす
・女性の一番好きな花はバラ

このようにストーリー体験を通じて恋愛とキスに興味・関心を抱かせることで、「ROSE♡KISS」という商品（モノ、なくても困らないもの、他人ゴト）を、「この商品があったらステキな世界が広がる」と夢を与え、自分ゴト化してもらいます。ユーザーに新たな価値体験を与え、ユーザーの人生を豊かにすること──それが「ヒーローの旅」なのです。

キスにおいて「口臭」と「バラの香り」の違いが、男女の恋にどれほどの影響を与えるかということをあなたは商品「ROSE♡KISS」を通じて、そのためのストーリーを作り、ユーザーはそのストーリーに夢を見出し、旅の終わりにハッピーエンドを迎えるのです。

あなたが合コンで美女やイケメンに出逢えば、一時的に惹かれ、興味を抱くかもしれません。しかし、それだけでは何も始まりません。話してみて気が合いそうなのか、楽しいのか、はては一緒にいて幸せになれそうなのか──その後の展開は、いかにして相手の心を動かし、共感を促すかが勝負を決めるのです。

つまり、あなたがユーザーに認知され、商品やサービスを購入してもらうためには、まず相手の立場になって「心が動くストーリー」を用意しなければならないということです。コンテンツマーケティングの成功は、ユーザーが描くストーリーに、あなたが描くストーリーを重ね合わせられるかどうかにかかってきます。

人はストーリーにしか心を動かしません。

Interview

コンテンツ侍に訊く！

小林弘人
――粗製乱造のコンテンツが増えたほうが、
チャンスは増えると思いますよ（笑）

小林弘人（こばやしひろと）
株式会社インフォバーン代表取締役CVO、株式会社メディアジーン取締役、BBT大学、同大学院教授。主な自著に『新世紀メディア論――新聞・雑誌が死ぬ前に』（バジリコ）、『メディア化する企業はなぜ強いのか？』（技術評論社）、『ウェブとはすなわち現実世界の未来図である』（PHP新書）、『インターネットが普及したら、ぼくたちが原始人に戻っちゃったわけ』（晶文社）など。

　小林弘人氏は私の元ボスにして、コンテンツ作りの師匠でもあります。1990年代半ばに、『ワイアード』という雑誌の編集長時代に声をかけていただいて以来、ずっとお世話になりました。私は2015年に、彼の元を「卒業」し、独立することになりましたが、その類稀なコンテンツ魂は今も私のハートにしっかり刻まれています。

　小林氏はプライベートでも多趣味な人で、バイク、動画、写真、格闘技など、一度ハマると、とことん追究するので、ヘタなプロより詳しく、また上手になってしまいます。起業家、編集者、作家、プロデューサー、大学教授など、マルチなクリエイターとして活躍されていますが、どれも一級品だから「中途半端なプロ」にとってはやっかいな存在なのです。

　常に半歩先を走っているので、私のような凡人がついていくのは結構大変でした。本人はよく「私がやろうとすることはいつも、ほぼ全員から反対される」とボヤいていましたが、ワイアード？　ITマガジン？　誰が読むの？　ブログ？　何それ？　誰がやるの？　動画？　ネットで動画なんて誰も見ないでしょ？みたいな感じです。小林氏が「動画！　動画！」と声高に叫んでいたのは2007年だったので、無理もありません。現場では「また、動画かよ……」みたいな。私も毎月30本の動画コンテンツの制作に関わりましたが、当時すでにネットTV局を設立し、動画コンテンツの定期配信のノウハウを確立していたのですから、インフラさえ整っていれば……という思いです。『C CHANNEL』[※1]や『LINE LIVE』[※2]『AbemaTV』[※3]なども登場し、

※1　『C CHANNEL』：元LINE株式会社代表取締役社長の森川亮氏が新たに始めた動画配信プラットフォーム。「女子のための動画ファッションマガジン」を標榜し、スマートフォンでの閲覧を前提とした数十秒の縦長動画を配信。

※2　『LINE LIVE』：「LINE」によるライブ配信プラットフォーム。LINE公式アカウントを友だち登録することで視聴できるアプリ配信専用番組や、リアルタイムにコメントできる機能などが特徴。

※3　『Abema TV』：サイバーエージェントとテレビ朝日の共同運営によるインターネットテレビ。通常のテレビ放送のように、番組表に従って配信される。

2016年は動画元年ともいわれ、動画コンテンツの重要性が叫ばれていますが、いやはや10年前はさすがに早過ぎたのかもしれません。

　私が小林氏と仕事をして最も刺激的だったのは「思考実験」です。アインシュタインは思考実験だけで一般相対性理論や特殊相対性理論を打ち出した天才ですが、小林氏は、まさにこの思考実験の達人です。話を聞いていると「ホントかな〜」と疑いたくなるような「○○過ぎる話」すらも、ついさっき体験してきたかのようにリアルに語るので説得力があるのです。イマジネーションの豊かさというか妄想力というか。え？　なんでそんなに確信をもって言えるの？　根拠は？と、つい問い詰めたくなるのですが、そんな問いはナンセンスです。なぜなら、いつも軽〜く「思考実験」をリアルに置き換えてしまってきたのですから。

　『WIRED』や『GIZMODO』を日本に持ち込み、日本で最初の商業ブログサービスの立ち上げに参画し、普及させた第一人者である小林氏。次は何を企んでいるのか、今から楽しみです。

コンテンツ制作の原点

——**コンテンツ制作に関わった原点についてお聞かせください。**

　20歳のときに、原宿にある小さな出版社兼広告代理店で飛び込み営業をしていました。原宿、渋谷界隈の店や企業をシラミつぶしに当たっていました。その中でJT（日本たばこ産業）に営業に行ったら、ふつうに出稿するのは難しいので、営業促進につながるような企画を出してくれたら検討する、と。で、パーティーをコンセプトにしたフリーマガジンを提案したら、通ってしまったんです（笑）。カフェバー（当時のおしゃれバー）全盛時代だったから、たばこの自販機を置いてもらうための営業ツールになると思って提案したのですが、担当者がえらく気に入ってくれて。

　みんな喜んでくれると思って意気揚々と帰社したら、編集部に「誰が作るんだ!?」と叱られましたね（笑）。そうでなくても忙しく人手が足りなかったし、一介の営業マンが勝手に出した企画だったからムカついたのでしょうね。それで、誰も作らないなら自分で作るしかないと、私が編集長から、記者、営業まで全部1人でやることになりました。配布も営業の仲間と自転車で配送しましたよ。それが自分の初めての編集の仕事だったので、以来、編集長以外やったことがないんです（笑）。編集経験はなかったけれど、イギリスの『i-D』[*4]や『arena』[*5]などのカルチャー誌をいつも読んでいて、そういう粋な雑誌を作りたいと、ずっと思っていました。

　今振り返ると、ただ自分で全部やりたかっただけですね。雑誌が好きだったし、「自

分が読みたいものは、やはり自分が作らねば」という自惚れもありました。もちろん最終的にはデザイナーやカメラマン、ライターなどは専門家に任せたほうがクオリティの高いものはできますよ。でも、とにかく、まずは自分で経験しないと気が済まなかったんです。

——小林さんは編集、執筆から、撮影、デザインまですべて自分でやってきたゆえ、起業してから経営者として人に任せるということに不安はなかったですか？

　最初は人にやらせてみて、無理かなあと思ったことはあります。でも、そこから個人もそうですけれど、チーム全体が進化していくのを見ることが楽しいですよね。突出したスタープレイヤーは必要ないと思っています。それぞれの領域で、それぞれが得意なことを常に引き出せたら、いいものは作れます。大切なのは、全員が究極のゴールを目指すこと。それを設定するのが編集長ですが、多くの媒体はそこがごっそりと抜けていて、表層的な編集方針しか言わないんです。世界を変えたいとか、読んだ人間をどうしたいとか。それが描けて、周りを乗せられない人の媒体は退屈です。それは編集長ではなく、ただの実務家でしょうね。

　メディア構築はオーケストラみたいなものでしょうか。いろいろな音を聴きたい。そのためには全員が一丸となったグルーヴ感が必要です。今はマーケティングやメディア論など、枠組みのことを言う人は増えましたが、いかにしてコンテンツに魂を吹き込むかが、私の一番重要な仕事だと思っています。大切なのはスタープレイヤーになることではなく、チーム全員を飲み込み、さらに読者にも伝播するほどのグルーヴを生み出すことだと思います。

インフォバーン設立へ

——インフォバーンを設立して、最初は雑誌の創刊をしましたが、デジタルにシフトしていくきっかけは何だったのでしょうか？

　意識して紙からデジタルへシフトしたということではないですね。当時、アメリカにデザインがすごくカッコいい『RAY GUN』[6]というジーン（インディーズ雑誌）がありました。『RAY GUN』は紙だけでなく、Web版も画期的でしたよ。今みた

※4　『i-D』：1980年に創刊されたイギリス発のカルチャーマガジン。初代編集長は、『VOGUE』のアートディレクターであるテリー・ジョーンズ。2012年に『VICE』に買収された。
※5　『arena』：1986年に創刊されたイギリスのカルチャーマガジン。
※6　『RAY GUN』：1990年代に発行されたオルタナティブな音楽カルチャー雑誌。アートディレクターのデヴィッド・カーソンがデザインを担当。型破りなスタイルで多くの雑誌や広告に影響を与え続けてきた。

いにユーザービリティなんて一顧だにしていない(笑)。Webメディアは、コンテンツが作れる人なら当然手を出すべきものという状況でした。だから私も、紙とデジタルみたいな棲み分けは考えませんでした。インフォバーンの設立時(1998年)には、すでに動画コンテンツのポータルサイト運営もやっていましたしね。

RealAudio[※7]が最盛期の頃、リアルネットワークスの動画ポータルサイトを任されていました。また、2009年にやっていた動画ポータルの『//news(すらすらニュース)』[※8]も、今のスマホにぴったりのコンテンツだよって、当時を知る人からよく言われます。さすがに早すぎました(笑)。

「紙だからデジタルだから」「テキストだから動画だから」といった器や表現手段の違いはあまり関係ないですね。ただ、コンテンツの種を沼地に植えたときと砂地に植えたときで、どう違う作物ができるのかというのは意識的に考えています。種を植える土壌が変われば、出てくる作物や育て方も変わるおもしろさがあります。そして、誰よりも先に挑戦しないと、その文法を見つけることに遅れてしまいます。

たとえば、今ならIoTでクルマのワイパーにセンサーをつけて、その稼働データと位置情報を逐次収集すれば、ワイパーの動き1つで、どこで雨が降り始めたかピンポイントでわかるし、天気予報もできますよね。それは、もはやハードウェア製造という事業領域に留まらないわけです。どんな情報も、価値のあるコンテンツに変換することを常に考えるべきです。すべてはメディア化するのです。社名の「インフォバーン(情報の道)」は、その決意表明と意志を込めてつけた名前です。

リアルな体験とメディアの役割

——今後、デジタルメディアの役割はどのように変化していくと考えますか?

そもそも多くの人はコンテンツを載せた器がメディアであると考えています。しかし、私はそうは思いません。器そのものに価値はありません。価値はコミュニティ

※7 **RealAudio**:1990年代後半、ストリーミング配信で主流だったオーディオフォーマット。リアルネットワークスが開発。複数のコーデックを使い分けることで、当時の一般的なインターネット接続であったダイヤルアップ接続などの低速通信でも実用的に利用できた。動画は、RealMediaフォーマットで配信。
※8 **//news(すらすらニュース)**:2007年に現役女子大生をキャスターに迎え、リリースされたカルチャー系ニュース番組。インターネット上で視聴可能な当時としては斬新なニュース番組だった。

に宿るのです。そして、伝達手段はテクノロジーの進化やライフスタイルの変化と共に変遷します。今の新聞は、もはや週刊誌のような存在に推移しました。TwitterのようなリアルタイムWebの出現で、立ち位置が変わったのです。そのように、メディアをみるときは絶対的なものとしてではなく、相対的なものとして捉えるべきでしょう。そして今日、メディアとは何かを再定義する必要があると思っています。

今のメディアは、昔ながらのメディアと違って、誰かと誰かを結びつけることが得意です。そう考えたとき、情報を伝えるだけの機能というのは、遅かれ早かれ価値が低減するでしょうね。なぜなら、情報は際限なくコピーされ、頒布され、どこでも露出し、そのもの自体はコモデティ（潤沢）化するからです。逆にリアルな体験については、今日非常に希少な情報共有の機会になってきていると考えています。今、私はベルリンを拠点とするアート＆テクノロジーのカンファレンスを日本でも開催すべく準備をしています。このカンファレンスは、これまでの潮流とはまったく異なる新たな「場」の価値創出であり、それこそ、私が長らく求めていたものでした。そのようなリアルな体験を提供する場の編集に興味があります。

カンファレンスと聞くと、人を集めてパンフレットを置いて、ビジネスの商談をする——そういったものを思い浮かべるかもしれません。しかし、本当は、そこに共通の価値観を持つ人たち同士のコミュニティが作られ、そこから新たな共創が発展していくものであり、そうすることで、そのカンファレンスはブランド化していきます。そのようなコミュニティデザインも現代の編集だと思いますよ。

また、ネットには情報が溢れていますが、それゆえにコモディティ化していく宿命からは逃れられません。だからこそ、リアルに交換される情報が価値を持ち始めます。その場でしか体験できないコンテンツと多くの才能が集まるイベント——たとえば、アメリカのSXSW（サウス・バイ・サウスウエスト）[9]、サンダンス映画祭[10]、バーニングマン[11]、フィンランドのSLUSH[12]などのイベントは、誰もがアクセスできるデジタルコンテンツと対置すべき希少メディアだともいえるでしょう。そして、スタイルを持っている。SXSWなどは世界中のハッカーやギークたちが集まり、非公式イベントなども盛んです。もはや、勝手にコンテンツが増殖していく回路を内包しています。昨今のミュージシャンがスタジオにこもって音楽を作るだけではビジネスにならなくて、コンサートでマネタイズしているように、未来のコンテンツはそういうリアル体験に向かっていると思います。

デジタルから逃げられるものを探す旅になる

——テクノロジーの進化が、コンテンツをリアル体験に向かわせる？

　デジタルテクノロジーはすべてをコモディティ化します。これは宿命ですね。これまではコンテンツやソースコードといったものに収まっていましたが、その波は3Dプリンタや Arduino[*13]、Raspberry Pi[*14] のようなオープンソースハードウェアの普及によって、ハードウェアとその製造過程にも及んでいます。いずれ、AIやロボットがコモデティになると、生産品や労働資源が溢れることになるでしょう。だから逆に、コンテンツは、デジタル化から逃げられるものを探していく旅になると考えています。それでは多くの人に届けられないという意見もありますが、拡散能力の高いソーシャルメディアなどを用いてそれを補完していけばいいのです。

　単純にコンテンツを作ることだけであれば、今後はAIがやれることも増えてきます。私が編集の仕事を始めた頃は、編集者は博覧強記の物知りばかりだと思っていたけど、出版社に入社して愕然としました。意外とそうでもなかったから（笑）。受け手をナメてるなと思いました。2003年からブログ[*15]を推してきたのも、中途半端なサラリーマン編集者より、ディープでマニアックな素人のほうが情報を発信できると思ったからです。情報を提供する側として、受け手よりも意識が低い人がやると粗製乱造になるしかありません。情報は、水位が高いところから低いところにしか流れないと思います。

[*9] **SXSW (South by Southwest)**：1987年にアメリカ・テキサス州オースティンで音楽祭として始まり、毎年3月に開催される大規模イベント。音楽祭・映画祭・インタラクティブフェスティバルなどを組み合わせ、毎年規模を拡大している。https://www.sxsw.com/

[*10] **サンダンス映画祭**：毎年1月にアメリカ、ユタ州のパークシティで開催される映画芸術科学アカデミー公認の映画祭。1985年に映画監督・俳優のロバート・レッドフォードがインディペンデント映画の発掘と育成を目的に設立。

[*11] **バーニングマン**：アメリカ・ネバダ州の砂漠で開催されるイベント。参加者全員が仮装とパフォーマンスを繰り広げ、100以上の音楽ブースが作られ、5万人もの人が集まる。何もない砂漠にイベントが開催期間中だけの街を作り、その中央に「ザ・マン」と呼ばれる巨大人形を設置し、最終日にそれを燃やすことが名称の由来。

[*12] **SLUSH**：世界最大級のスタートアップイベント。若き人材と世界的な起業家、投資家、エグゼクティブ、企業、ジャーナリストを繋げ、スタートアップの土壌を育むグローバルコミュニティの創成を目指している。http://www.slush.org/

[*13] **Arduino**：マイコンボードと統合開発環境から構成されるシステム。回路図や基板図、ファームウェアなどがオープンソースで提供されており、多くの互換機が生み出されている。https://www.arduino.cc/

[*14] **Raspberry Pi**：ARMプロセッサを搭載し、Linuxが動作するシングルボードコンピュータ。コンピュータ教育を目的として、非営利団体のラズベリーパイ財団によって開発されており、安価で提供されている。https://www.raspberrypi.org/

[*15] **ブログ**：2003年頃、日本でも普及しはじめてきたころ、ブログの伝道師として普及活動に尽力。ニフティが運営するブログサービス「ココログ」のコンテンツをプロデュースした。

――二次情報をアレンジしただけのコンテンツが大量生産されているという現状もありますが。

　薄い中身でもとにかく儲けられたら勝ち……みたいなことを考えている連中が、メディアビジネスに手を出し始めていますよね。でも、それ間違っているんですよ。だって、儲けることが最優先ならもっと効率いいこと、ほかにあるって（笑）。

　リライトという名のパクリを続けるキュレーションメディア自体も問題ですが、そこに市場性を持たせてしまった、猛省すべきオトナがいっぱいいると思いますよ。出稿で支えた人、投資した人、みな確信犯か、そうでなければ無責任なのでしょう。これは業界構造に起因しています。テレビなら「そんな社会責任をまっとうしない番組には出稿できない」とか言うくせに、ネットになった途端いいのかよ、と。かなりの市場性をもつ割に、公器として鑑みられていません。ロングテール※16すぎるんですかね。

　私は8年以上前に自著で「エコーメディア」（大量の声がこだましているような、コピペのみのメディア）の到来を予言したけど、まさに今がその隆盛期ですね。でも、そのうちAIが始まりますよ。というか、もう始まっていますが※17。だから、Googleがメディアの信頼を担保するために、検索アルゴリズムをどう変更するか、あるいはしないのか。ここが注目ポイントじゃないですかね。

　そして、まともなメディアの話もしておくと、『VICE』※18というメディアが、サブカルの概念をひっくり返したように、オルタナティブ（既存のものに取って代わる新しいもの）は必ずあると思っています。既製品が溢れ出すと、逆にもっと自由を求めたくなります。そこを刺激したり、解決さえすればマネタイズの可能性は広がります。だから、もっと粗製乱造コンテンツが増えたほうが、真剣なメディア人にとって、チャンスは増えると思いますよ（笑）。

※16　**ロングテール**：インターネットを用いた物品販売の手法で、販売機会の少ない商品でもアイテム数を幅広く取り揃えたり、幅広い顧客を対象とすることで、総体としての売り上げを大きくする現象のこと。『Wired』編集長であるクリス・アンダーソンによって提唱された。

※17　**AIによるメディア**：AIによるコンテンツ制作が現実化している。日経新聞社が公開した「決算サマリー」（http://pr.nikkei.com/qreports-ai/）は、企業の決算発表から完全に自動で人工知能が記事を作成している。また、NTTデータは、気象ニュースの原稿を人工知能が自動作成する実証実験を開始している。

※18　**『VICE』**：1994年創刊。パンクやドラッグ、セックスなどのコンテンツを載せたフリーペーパーから、今ではカルチャーだけでなく、国際問題や社会問題など世界中のニュースをWebやテレビで配信する複合メディア企業に成長。最近では有名な紙媒体『i-D』を買収。https://www.vice.com/

078　**2**　コンテンツに愛と志を注入する方法

ビビッとくるコミットメント力

——小林さんは著書でもよく「誰でもメディア」と書かれてますが、その真意を教えてください。

　文字通り、誰でも自分でメディアが持てるようになりました。もしかしたら、一部の「プロ」は、単に素人を見下すことで体裁を保っているだけなのかもしれません（笑）。トップのYouTuberなんて、いったいどれだけ稼いでいることやら。スキルなんて後からいくらでも身につくから、何もないサラリーマン編集者の発信するコンテンツより、自分のコンテクスト（文脈）を持っている素人の下克上がデジタルによって可能になったわけです。企業もそうですね。メディア専業社が作るメディアより、よっぽどタメになったり、おもしろいコンテンツを発信している企業はザラにありますよ。

　また、メディア業界の枠に囚われず、優れたビジネスパーソンでも編集的なセンスを持っている人は少なくありません。つまり、人びとが漠然と思っているけど言葉にできない、ちょっと先の未来を顕在化できる能力を持った人です。

——未来を顕在化できる能力とは具体的には、どういうことでしょう？

　コミットメント力です。自分が捧げている対象への愛情がどれだけ深いか、それがないサラリーマン編集者の企画会議って本当に退屈です。コミットメント力が強いと、異論反論が出てケンカになるんです。ケンカしてもいいんじゃないですか。いや、しろよ（笑）。自分の熱い思いや、有り余ったパワーを伝えるためなら手段を選ばないような人種が情報発信したほうがいいですよ。伝えるテクニックだけが洗練されても、熱量が低いと人の心は動かせません。強いコミットメント力が編集者の駆動エンジンであり、メディアに魂を吹き込むのだと思いますよ。

ベルリンで見た未来

——今後やっていきたいことは、どんなことでしょうか？

　今、私はメディア運営やコンテンツそのものを制作していませんし、メディア人とか編集者とか呼ばれると、違和感があります。あえて言えばアクセラレーターでしょうか。ビジネスでもメディアの立ち上げでも、新しい価値を提示することしか興味がありません。そして、自分でやるだけではなく、そのような動きを加速させ

るお手伝いをしています。その活動を通じて日本を世界に向けてもっと発信していきたいですね。

　30代はアメリカ、40代後半はアジアを中心に仕事をしてきましたが、今はベルリンに最も惹かれています。欧州の中で一番スタートアップへの投資額が多く、20分に1社の割合で創業しています。そして、超がつくほどのリベラルな都市ですよね。ご存知のように、欧州はさまざまな民族が行き来している一方で、移民問題や失業率の高さ、テロの恐怖に喘いでいます。目下、欧州の中でもリベラル色が強いベルリンが、各地で広がる反グローバリズムとどう向かい合うのか、あるいは取り込まれてしまうのか、非常に注目しています。

　ニューヨークもシリコンバレーも多様な人種が活躍していますが、やはりアメリカナイズといった洗礼を受けないと、なかなか認められません。でも、ベルリンは他人の出自とか、どうでもいいんですよね。ドイツ人っぽくしろとは誰も求めないんです(笑)。ベルリンにいるドイツ人の友人は、冗談混じりに「ベルリンはドイツではない」とも言っていました。ベルリナーの鷹揚さは、東西ベルリン融合後の知恵から来ているという説もあります。いずれにせよ、他人に「こう振る舞ってほしい」という要求度が低い点が、そのクリエイティビティやダイナミズムに繋がっていると思います。

Chapter 3
コンテンツ力を鍛える発想法

先人たちはどのようにして愛されるコンテンツを生み出してきたのでしょうか？ 企画を考えるためには、どんな方法でアプローチすればよいのでしょうか？ 本章では、アイデアの出し方、企画力の磨き方など、コンテンツ力を鍛えるための発想法を、7つのテーマに分けて解説します。

3-1

変態

コンテンツ制作には変態が似合う

　私は、初対面のお客さんから「変態」と呼ばれたことが三度あります。もちろん、いきなり非常識な変態行為をした覚えはありません。「何か変なこと言った?」と部下に聞いても、特にそのような失言はしていないとのこと。当初は「変態」と呼ばれたことに戸惑いを覚えましたが、後の証言を聞く限り、決してネガティブな意味ではなさそうでした。

　「変態」には、サナギがチョウになったり、本郷猛が仮面ライダーに変身したりするといった場合の意味と、ちょっと変わった人という意味があります。英語でいうと、「transformation」(変身)、「kinky」(ちょっと変わった人)、「pervert」(犯罪の匂いもする性的倒錯者)などの言葉がありますが、私たちがよく日常的に使う「変態」は「kinky」が多いように感じます。もちろん、私が仕事で言われた「変態」は「ちょっと変わった人」という意味だと解釈しています(でなければ仕事をいただくことはできないでしょう)。

コンテンツ制作には変態が似合う

　私が仕事で初めて「変態」と呼ばれたのは、あるお客さんとの打ち合わせの後、帰社して、メールをチェックしたときのことでした。打ち合わせに参加されていた若い担当者から「今日はどうもありがとうございました。上司の○○が、『あの成田さん、変態っぽいね〜』と言ってました(笑)」というメールが届いていたのです。私を「変態」と感じた根拠がわからずに困惑したのですが、同席した部下から「たぶん過去の実績(企画内容)が変態っぽかったんじゃないですか?」と言われ、慰められたようなディスられたような気分を味わったのを覚えています。

　二度目は、あるイベントプロデューサーが主催する、コンテンツマーケティングをテーマにしたセミナーに登壇したときのことです。セミナーの後、その方が自身のブログで「変態コレクターの○○です。これから定期的に私が出会った変態さんを紹介していきます」と、その第一弾として私を紹介していただきました。私はセミナーでいつも「ちょいエロ」な要素を仕込むので、それが「変態」と呼ばれた理由と思ったのですが、ご本人は「えっ? そんなエロい話してましたっけ?」とおっ

082　　3　コンテンツ力を鍛える発想法

しゃっていたので、どうも「ちょいエロ」が変態の理由ではなさそうでした。ご本人に「なぜ私が変態なのですか？」と尋ねても「さあ……。はっきりとはわからなのですが、ただ変態っぽい匂いはしますよね？」と。

三度目は、あるイベント会社の社長さんから。オウンドメディアを立ち上げたいと相談をいただいたときのことでした。私が「御社のターゲットは、こうこう、こういう理由で、こんな方向性でいくべきでは」と意見を述べさせていただいたときです。「いや〜、弊社は成田さんみたいな変態をターゲットにはしていないので、そこはもう少しお膳立てをしてあげたいですね〜」と。つまり、この会社のターゲットは、受け身で自分で何もできないから「全部お任せします」というタイプのお客さんだということでした。社長さんにとっての変態とは、「あれこれ自主的に企画したり、細かいことにうるさくこだわる面倒くさい人」を意味しているようでした。

以来、私は、この「変態」というキーワードをコンテンツ制作において非常に重視するようになりました。実際、「変態」を意識して周囲を見渡すと、コンテンツ力の高い人は「変態」と呼ばれるに相応しい人が多いように感じます。

変態とは「常識」や「正論」にハマらない才能である

私の身近の「変態さん」の例を少し挙げてみましょう。

排便を我慢することはカラダによくないと、所構わず平気でお漏らしをする人——論理的思考と情感的訴求の能力が高い、Web制作会社の社長。女性のストッキングを見てデニールの数字を識別する人——フリーランスとしてメディアの編集長をやりながら、バズコンテンツを次々と生み出す売れっ子編集者。彼氏の誕生日に全身にチョコレートを塗って舐めさせてあげる人——人が望むことを先回りして察して対応する、とても気が利く女性。毎朝、姉妹で大便を見せ合って健康チェックをする女性——周囲で一番の美人と評判で女性からの人望もとても厚い女性……などなど、もっとすごい人もいろいろいるのですが、ここでは本旨ではないので省きます。しかし、確実にいえるのは、「変態さん」はみな、独自のこだわりや美学を持っている人ばかりということです。「変態」と呼ぶに相応しい人は、性的嗜好に限らず、常識や正論にハマらない自由な発想力を持っているのでしょう。

変態とは、常識や最大公約数、多数派との対義語でもあります。つまり、変態は日陰的存在です。変態が常識や正論になっては、変態ではなくなります。大きな流れがあったら、まず流れに逆らう、日向があったら日陰を見つめるといったように、常に「逆張り」するのが「変態」なのです。変態という言葉が性的倒錯の意味で使われるのは、「性」が人類すべての「生」の根源的機能であるにもかかわらず、タブー視されているからでしょう。

変態は時代とともに変化する

　ひと昔前に、「裸族」という言葉が流行ったのをご存知でしょうか。私自身、自宅で仕事をするときは裸でいることが多く、いわゆる裸族です。20代の頃、尊敬する会社の先輩に「裸でいることは精神的にも肉体的にも解放される。悪いことは何もない。むしろよいことばかりだ」と諭されて以来、季節が許す限り、もう20年以上、家では裸族を続けています。雑誌などで「仕事の効率が上がる」という記事も目にするようになり、裸族であることの正当性を確信したものです。

　しかし、職場で「裸で仕事すると効率が上がる」という主張をすると、冷たい視線を浴びたものです。「成田はパワポで企画書を作るときはいつも裸らしい」という噂（というか事実ですが）が立ちました。そして「おっさんが裸で仕事するってキモい」と。「キモイ＝変態」です。ところが、やがて有名女優などがこぞって裸族宣言をしたことで一気に市民権を得ました。一般の女性の間にも裸族がおしゃれという空気が形成されました。いつの間にか裸族は変態ではなくなったのです。

　もちろん、ビジネスシーンにおいては、TPOは大切です。時と場所とタイミングを誤ると大変なことになります。しかし、コンテンツを考えるときは、変態になりきってみても何も問題は起きません。頭の中ではどんな妄想も自由です。誰も邪魔しませんし、誰も咎めません。そしてコンテンツ制作において、変態の世界へ足を踏み入れることほど楽しいことはありません。

　優れたコンテンツ制作には、変態が似合うのです。

人から白い目で見られることを恐れないで、自らを解放して自由奔放に妄想しましょう。

3-2

反逆

反逆は創造の主である

　なぜコンテンツ制作に反逆が必要なのでしょうか。それは、尊い創造物は反逆から生まれているからです。旧約聖書では、アダムとイブが神の忠告に逆らって禁断の果実を食べたことから羞恥心が生まれ、人類の歴史は始まったとされます[1]。

　ギリシア神話で有名な全知全能の神と言えばゼウスですが、彼に唯一逆らうことができた神がプロメテウスです。プロメテウスは「先見の明を持つ者」という意味を持ちますが、彼はゼウスに逆らって人間に肉や火を与えた神として知られます。人類の創造主ともいわれるプロメテウスは、ゼウスに「見た目は悪いが栄養のあるおいしい肉と、見た目はよいが骨を脂で包んだもの」の2種類を用意して、ゼウスに選ばせました。ゼウスは見た目にごまかされて脂に包まれた骨を選び、人間に栄養のあるおいしい肉を与えてしまいました。そして、騙されたことに怒ったゼウスは、人間がおいしい肉を食べられないように火を取り上げます。しかし、プロメテウスはまたしてもゼウスを騙して、再び人間に火を与えました[2][3]。世界を支配する絶対的存在のゼウスに対し、常に反逆し、人間の進歩を願ってきたプロメテウスは、反逆の神でもあったのです。

スティーブ・ジョブズが海賊を愛した理由

　反逆とは、すなわち既得権益や既存ルール、世間の常識への挑戦です。歴史上の偉人たちもまた、多くは反逆の旗手です。いつまでも敷かれたレールの上を走っていては、新しい道は切り拓かれないからです。

　アップルの創業者であるスティーブ・ジョブズは、近年で最も有名な「反逆児」でしょう。「海軍に入るより、海賊であれ」[4]という彼の名言が示すように、ジョブ

※1　『創世記』(『聖書　新共同訳』)、2章15節〜17節、3章1節〜7節、3章22節〜23節
※2　『アポロドーロス ギリシア神話』(高津春繁 訳／岩波書店／ISBN4-00-007132-7)、第1巻7章1節、p.40
※3　『ギリシア神話』(フェリックス・ギラン 著、中島 健 訳／青土社／ISBN4-7917-5144-2)、p.33〜36
※4　『レボリューション・イン・ザ・バレー ——開発者が語るMacintosh誕生の舞台裏』(Andy Hertzfeld 著、柴田文彦 訳／オライリー・ジャパン／ISBN4-87311-245-1)、p.174

反逆　085

ズは常に反逆の精神を持ち続けていました。そのジョブズがアップルに復帰して、自らがナレーションも務めたCM『Think different.』は、まさにジョブズ、そしてアップルが反逆児の旗手として再出発をするという宣言でした。そのCMに登場するのは、アインシュタイン、ボブ・ディラン、キング牧師、ジョン・レノン、エジソン、モハメド・アリ、ガンジー、ヒッチコック、ピカソといった面々です。「彼らはクレイジーと言われるが、私たちは彼らを天才だと思う。自分が世界を変えられると本気で信じる人たちこそが、本当に世界を変えているのだから」と語っています[5]。

スーパースターは常に反逆児だった

紀元前の神話や20世紀の偉人たちにまで遡らずとも、反逆児の例は身近にも多くあります。

たとえば今日、プロ野球で二刀流として活躍する大谷翔平選手は、常識への反逆児として成功している典型例です。当初は、投手と野手の兼任をほとんどのプロ野球評論家が反対していました。いや、すべての人が無理だと断言していたといっていいでしょう。「野球をナメてる」と怒っていた大御所もいました。肯定的だったのは、プロ野球界の「反逆児」として知られる中日ドラゴンズの元GM落合博満氏など、ごく少数でした。その常識を破って二刀流を実現している大谷選手もすごいですが、そもそも、それを入団の条件として提案したのは球団の北海道日本ハムファイターズであり、勇気ある決断だったといえるでしょう。もし大谷選手が二刀流に失敗したときのことを考えれば、日本中から叩かれるのは目に見えています。

プロ野球界を遡れば、任意引退してメジャーリーグに挑戦した野茂英雄投手もまだ記憶に新しいところです。今やメジャーリーグへの道を切り拓いたパイオニアとして評価される野茂氏ですが、当時の彼もまた「わがままだ」「身勝手すぎる」と、日本中を敵に回す勢いで、退路を絶ってメジャーリーグに挑戦しました。

反逆とは、「世間の常識」や「既定路線」に逆らうことなので、多くの障壁が立ちはだかります。

知恵、そして反逆する勇気

あなたが企画を考えるとき、何かコンテンツを考えるとき、まずは既存のレール

※5 『アップル宣言 ──クレイジーな人たちへ』(フライコミュニケーションズ 著、真野流、北山耕平訳／三五館／ISBN4-88320-908-3)

から降りてみてください。その先に何があるのか？　間違いを犯さないように既定路線に従って忠実に仕事をこなすのは役人です。私たちはコンテンツクリエイターなのです。反逆が、いつも成功に導いてくれるとは限りません。むしろ失敗することのほうが多いかもしれません。

　元大阪知事の橋下徹氏が大阪都構想を掲げたものの実現に至らなかったのは、既得権益を守りたい人たち、変化を恐れる人たちなど、そこに立ちはだかる壁が高かったからとも考えられます。凡庸な人びとは、大勢に反して100を獲得するより、10を失うリスクを恐れます。現状維持で徐々に10ずつを失っているほうが、少しずつ対処していけば何とかしのげるだろうと安心するものです。

　今日のWebメディアにも、レールの上を歩く傾向は強く蔓延しています。コンテンツマーケティングで最も重要なのは、人の心を動かす、愛されるコンテンツを作ることですが、そのためには時間と手間とコストがかかります。それを補うのが知恵、そして反逆する勇気なのです。しかし、知恵を絞る工夫を端折って、それよりも手っ取り早く、前例の成功例を踏襲して、安く簡単に作れるコンテンツを大量生産するという選択をする企業やメディアが多く存在するのもまた事実です。

　私自身、セミナーで講演をすると、一番多く求められるのが「成功事例」の紹介です。オウンドメディアの運営で成功したといわれる企業の事例を踏襲すれば、上司を説得しやすいし、失敗したときの言い逃れもしやすいからです。失うものがないという人ならともかく、それまで社会的に築き上げてきた信用や安定が誰にもあります。あなたが企業に勤める一社員であれば、なおさらでしょう。「反逆」という言葉に嫌悪感すら覚え、怯えるのも仕方ありません。

前例がないから可能性も大きい

　以前、ある大手小売店からコンテンツマーケティングの相談を受け、全体戦略とコンテンツの展開案を提案したときのことです。お客さんは「うーん……、前例がないからね〜。これ失敗したら制作費返してくれるの？　作って失敗してもあなたは損をしないで、ウチが丸々損じゃない？」と言うわけです。これは、まさに橋下徹氏の大阪都構想に反対した人たちと同じ理屈です。「なぜ、そんなに反対するのですか？」という問いに「どうなるかわからないことに賛同はできない」と。橋下徹知事は討論番組で「それは僕だってわかりませんよ。初めての試みなんですから。でも、このままではダメだということもわかっているのだから、改革しなければならないんです」と返していました[6]。既存の常識や大勢に反逆して新しいことに挑

※6　『体制維新 ―大阪都』(橋下徹、堺屋太一 著／文藝春秋／ISBN978-4-16-660827-0)にも同様の発言 (p.50)がある。

戦する勇気のない人たちは、そのように、いつも同じ安全な道を歩むことしかしないのです。しかし、既存のレールに安住していては、新しいアイデアは生まれません。幸いにも、コンテンツ制作における反逆は、すべてを失う決死の覚悟で臨まなくても可能です。

　たとえば、前田建設工業の『前田建設ファンタジー営業部』をご存知の方も多いと思いますが、同社はオウンドメディアとして早くからユニークなコンテンツを展開してきました。重厚で硬いイメージが強いBtoBの建設業界にあって、遊び心に溢れる前例を見ない試みは画期的でした。アニメや漫画などの架空の建造物を実際に建設するとどうなるのか、図面・見積もり・工期スケジュールなどを掲載しています。私たち一般ユーザーにほとんど馴染みのない建設業界の仕組みをやさしいコンテンツに加工し、認知獲得とブランディングに成功しました。でも、実は、彼らはこのユニークな企画を最初から堂々とやっていたわけではないそうです。社内で目立たないようにひっそりとスタートし、外部からの高評価を援護射撃にして、徐々に拡大していったのです[※7]。

前田建設ファンタジー営業部
https://www.maeda.co.jp/fantasy/

※7　『前田建設ファンタジー営業部に訊く』(マンション・ラボ)：http://www.mlab.ne.jp/columns/news_life_20120808/

「世間の常識」や「既定路線」を打ち破りましょう。
しかも、こっそりと。

3-3

障壁

人は障壁に興奮し、士気を高める

『ロミオとジュリエット』の禁断の恋や、不倫を例に出すまでもなく、男女の間に立ちはだかる障壁は恋を盛り上げます。人は障壁を乗り越えるときに喜びを見出す生き物なのです。障壁を乗り越えると、ある種の達成感や充実感を味わい、自らが成長したと感じるからでしょう。

コンテンツ制作においても同じです。実際に、障壁が一切なく、自由自在に好きにコンテンツを作れるというケースはまずありません。むしろ、障壁や制約がない状況から価値のあるコンテンツが生まれることはほとんどないでしょう。アメリカのケネディ大統領は、1961年にアポロ計画を立ち上げたとき、「われわれがそれを選ぶのは、たやすいからではなく、困難だからです。」[8]と演説で声高らかに宣言し、国民の士気を高めました。そして宣言通り、アメリカは1969年に月着陸を実現しました。

コンテンツ制作には、「予算」と「表現」と「時間」の3つの障壁が常につきまといます。しかし、この3つの障壁こそが愛されるコンテンツを生む源にもなるのです。なぜこれらの障壁が愛されるコンテンツを生み出すのか、事例とともに説明していきましょう。

予算の障壁

たとえば映画製作において、歴代の名監督たちは、最初から潤沢な予算があったわけではありません。彼らが後に売れっ子監督として次々と名作を生み出しているのは、低予算ゆえのアイデア勝負でデビューし、世に絶大なインパクトを与えたからです。

スティーブン・スピルバーグの『激突！』は、登場人物は数人で、ただひたすら大型トレーラーに追いかけられるだけのシンプルなストーリーですが、じわじわと迫る恐怖感は後の『ジョーズ』や『ジュラシック・パーク』を十分に彷彿とさせます。

---

[8] **アメリカの宇宙事業に関するライス大学での演説**：https://www.jfklibrary.org/JFK/Historic-Speeches/Multilingual-Rice-University-Speech/Multilingual-Rice-University-Speech-in-Japanese.aspx

障壁　　089

ジェームズ・キャメロンの『ターミネーター』も然り。どこまでも執拗に迫ってくる殺人ロボットの恐怖。悪役（脇役）だったシュワルツェネッガーを一躍大スターに押し上げました。ジャン＝リュック・ゴダールの『勝手にしやがれ』は、ハンディカムのカメラで撮影していますが、近年流行っている手ブレ感をわざと出して臨場感を演出する手法の先駆けといってもいいでしょう。クエンティン・タランティーノの『レザボア・ドッグス』は、まるで演劇のように、倉庫とクルマの中だけを舞台にしてひたすら会話のみで観客を引き込んでいきます。

　中でも『勝手にしやがれ』は、低予算映画でありながら、のちに「ヌーヴェルヴァーグ」と呼ばれる新しい映画ムーブメントを起こした点でも、コンテンツ制作の最良のお手本といえるでしょう。ハンディカメラでの撮影をはじめ、ジャンプカットと呼ばれる断片的な編集や、引きと寄りのシーンを唐突に切り替え、あえて画面の粒度が粗くなる高感度フィルムを使ったりと、それまでに確立されてきた映画の製作技法に囚われない自由な発想で、映画史に残る作品を残したのです。この作品が影響を与えたのは、撮影技法だけではありません。主人公は正義の味方ではなく、どこにでもいそうなただのチンピラです。ダーティーヒーロー（汚れたヒーロー）を映画の主役として輝かせたアイデアは、のちの『俺たちに明日はない』『明日に向かって撃て！』『真夜中のカーボーイ』といった、1960〜70年代のアメリカン・ニューシネマの台頭を促すことになります。既存の障壁や制約を逆手にとった作品にしたからこそ、新たな世界を築き上げた典型例といえます。

　2000年前後に現れた『ソウ』『CUBE』『パラノーマル・アクティビティ』などの映画が、ソリッドシチュエーションホラーという新しいジャンルを築いたのも、低予算ゆえに出てきたといえるでしょう。

表現の障壁

　彼ら名監督のような才能がなくとも、障壁はアイデアを生む源泉となります。むしろ障壁や制約があったほうが新しいアイデアは生まれるといってよいでしょう。

　以前、私がお手伝いしていたある大手企業の運営するメディアはターゲットが若い男性だったのですが、女性の水着グラビアを扱うことはご法度でした。メディア自体は主に20代の男性をターゲットにしていたものの、企業自体が老若男女を顧客にしていたので、水着グラビアは下品ではしたないという判断です。しかし私としては、「サラリーマンに、情熱と癒やしを」とキャッチフレーズを謳っていたメディアだったので、どうしてもグラビアアイドルは使いたいと考えていました。そこで、どうすればグラビアアイドルを出せるかを常に試行錯誤していました。最初はグラビアアイドルに男性のYシャツを着せたり、モフモフのセーターを着せたり、露出は少なくてもアイドルのかわいさを感じさせる演出をしました。ビジュアル的に露

出は控えめにしつつも、「彼女が僕の部屋で着替えたら」と題して男物の服を着せ
たり、「僕だけの美女時計」と題してタンクトップにショートパンツという部屋着姿
で人間時計になってもらったりと、男性の妄想を膨らませるストーリーを付与する
ことを心がけたのです。

そしてグラビアアイドルが登場するページのPVが増えてくると、グラビアペー
ジの深い階層に少しずつ露出の高い写真を挿入していきました。そうすると、クラ
イアントも「まあ、後ろのほうで目立たなければ……」と判断するようになり、半
年後には堂々とトップページに水着グラビアを出すことに成功しました。ただし、
水着グラビアは撮り下ろしではなく、DVD発売のプロモーションを兼ねた宣材写真
を使用するのみに留めていました。水着グラビアを撮影する予算がなかったことも
ありましたが、DVDの販売も扱うクライアントの売り上げにも繋がるからという水
着グラビアを使う口実を提供したわけです。ただ、半年後には、水着グラビアよりも、
水着グラビアに至るまでに苦心した企画のほうがPVを稼いでくれるようになって
いました。つまり、ストレートな水着グラビアよりも、読者はストーリー(妄想)を
期待しているという結果に至ったのです。

時間の障壁

コンテンツ制作に携わっていると、常に時間との闘いがつきまといます。しかし、
==時間がないことを言い訳していては愛されるコンテンツは作れません==。ただし、翌
朝までに企画書を徹夜して作成しなければならないという状況は単に時間管理のミ
スであって、ここでいう時間の障壁ではありません。ここで意図しているのは、自
ら望んで設ける時間のハードルであり、集中力を高めるためのものです。私が知る、
あるメディアの編集長は企画会議を必ず30分と決めて、それも座らずに立ち会議
をしていました。これも集中力を高めるためです。

私自身、セミナーを開催するときは、たいていワークショップと組み合わせるの
ですが、参加者が少しだけ時間が足りないと感じるように設定します。時間がちょっ
と足りないほうが確実にいいアイデアが出るからです。それは、やはり集中力の賜
物です。人は長時間、集中力を維持することはできません。プレゼンテーションの
カンファレンスで有名なTED[9]は、講演の時間が18分と設定されています。18分
は、聴衆が飽きないで集中できる時間、かつ何かを表現するためには必要な時間だ
からだそうです。また、『18分集中法──時間の「質」を高める』[10]という本も出
ているくらいですから、科学的根拠はともかく、18分という時間制限にも何らかの
意味はありそうです。

私がワークショップで設定している時間配分を紹介しましょう。

講座のテーマは「メディアの作り方」。まず座学としてワークショップを進める前

の準備として考え方を30分で講義します。そしてワークショップの時間を110分とします。あとは5分の休憩を挟み、発表と質疑応答に30分で、計180分です。

```
30分：座学
 5分：休憩
10分：与件整理（背景・課題・解決策）
20分：ペルソナ設定（基本特性・意識特長・行動特長）
20分：SWOT分析（強み・弱み・機会・脅威）
20分：ポジショニングマップ（競合との差別化）
20分：コンセプト（メディアの方向性）
20分：コンテンツ案（具体的なコンテンツ作成）
 5分：休憩
30分：発表と質疑応答
```

　ワークショップでは、各テーマを20分にしています。これも集中力を保つためです。各テーマで時間が足りないという人がほとんどですが、それぞれ時間を2倍にしても、アウトプットの精度はあまり変わりません。時間が十分あると思うと、結構ダラダラ話し合って進まないことが多いのです。急がないと時間が足りないという緊張感の中でやるほうが確実にアイデアは出てきます。このことは、私自身が経験的に実証済みです。そして、ワークショップの緊張感の中でやると、後のアンケートで「ふだんの仕事の中で考えていたら、ここまで進まなかったと思う」と多くの人が答えています。

　きっちり18分としないまでも、20分〜30分刻みで時間を設定して、会議やブレストを開催してみてください。きっと、ふだん頭を使う作業がいかにダラダラと時間を費やしているか、痛感するに違いありません。

※9　TED：「Technology Entertainment Design」の略称で、学術・エンターテインメント・デザインなどさまざまな分野の第一線で活躍する人が18分のプレゼンテーションを行う。講演会は1984年に始まり、2006年からインターネット上で無料で動画配信するようになった。https://www.ted.com/
※10　『18分集中法──時間の「質」を高める』（菅野 仁 著／筑摩書房／ISBN978-4-480-06694-7）

障壁は品質向上のためのカンフル剤です。
歓迎しましょう。

3-4

飛躍

偶然が生み出す発明

　私たちは歴史上の先達の偉大な発明の恩恵を授かって、快適な暮らしを送ることができています。しかし、そんな私たちに幸福をもたらす発明も、偶然の産物であることが少なくありません。

　たとえば世界初の抗生物質のペニシリンは、細菌学者であるフレミングが、細菌の培養液にカビを混入させてしまうというミス（コンタミネーション：混入事故）がきっかけといわれています。ダイナマイトはニトログリセリンが漏れて梱包材に吸収されるのを見たのがきっかけ。電子レンジはポケットに入っていたチョコバーが溶けていることに気づいたのがきっかけ。バイアグラは血管を弛緩させる「狭心症」の治療薬の副作用の研究がきっかけ。ほかにも、人類史には偶然や失敗から生まれた発明品は数多くあります。紅茶もブランデーもシャンパンもコカ・コーラもポストイットも、すべて失敗から生まれた産物というのが定説です。つまり、偉大な発明は、いつどこから降ってくるかは誰にもわからないのです。

　アイデアも同様です。探求するテーマで行き詰まったときこそ、まったく違う世界へ飛躍してみることで、新しい価値が発見されることがあるのです。このような偶然が生み出したものを価値あるものと気づく能力のことを「セレンディピティ」[11]といいます。私は、このセレンディピティは飛躍の発想を積み重ねていくうちに身につくものだと信じています。なぜなら、セレンディピティは、一見、幸運を引き寄せる力のようでもあるのですが、修練することで身につく洞察力だからです。

「仕事でお酒を呑む」という飛躍

　アサヒビールが運営するオウンドメディア『CAMPANELLA』では、かつて「アルコールブレスト」というユニークな企画をやっていたことがあります。酒造メー

---

[11]　**セレンディピティ**：ステキな偶然に出逢ったり、予想外のものを発見する能力。ふとした偶然をきっかけに、幸運をつかみ取ること。または、その能力。『セレンディップの三人の王子たち』（竹内慶夫 編・訳、増田幹生 絵／偕成社／ISBN978-4-03-652630-7）という童話の逸話から作られた言葉。

飛躍　　093

カーならではの企画ですが、「ビールを呑みながら会議をする」というのは大きな飛躍といえるでしょう。担当者曰く「適度にアルコールが入って、ブレストなどに慣れていない営業の人たちからもどんどん意見が出た」とのこと。ふだん交流のない他部署との接点もできて活性化に繋がったとも言っていました。「仕事中に酒」となれば、ふつうは誰もが顔をしかめるでしょう。しかも伝統のある老舗の大企業です。下手をすれば「仕事中に酒を呑めと煽るのか！」と炎上しかねません。しかし、ありがちな「酔っ払って会社のグチを言う」という呑み方から、「お酒の力を借りて仕事の効率をよくする」という発想に転換させたのは、とても画期的ではないでしょうか[※12]。

CAMPANELLA
http://business.nikkeibp.co.jp/campanella/

　もちろん、飛躍したアイデアはすぐにコンテンツとして具現化することは難しいかもしれません。どんなにおもしろい企画でも、社内からの反対が出ることもあるでしょう。かといって、ここで飛躍したアイデアを否定してはいけません。なぜなら、==飛躍は最終的にたどり着くコンテンツを生むための触媒だから==です。燻っている火に注ぐ油なのです。

はちみつを飛躍させてみる

　さて、「2-6　具体性」(p.039)で取り上げた「はちみつシャンプー」を再び例にとって考えてみましょう。「すれ違った男性が必ず振り返るシャンプー」なら、正当な訴求でしょう。これを「犬も必ず振り返るシャンプー」なら少し飛躍します。「ほのかな香りながら、嗅覚が鋭く匂いに敏感な犬が反応するほどステキな香り」とい

※12　『UIDEAL〜アサヒビールがオウンドメディアで挑んだ、内外とのコミュニケーションの活性化』(ナイル株式会社)：https://uideal.net/blog/01/464/ より一部抜粋。

うメッセージは伝えられます。また、ビジュアル的にも通りすがりの犬が女性に集まってくる光景は、見ていてほっこりします。犬ではなく、熊ではどうでしょう？

山男では？　山師では？　漁師では？　教師では？……教師？　たとえば、舞台は女子高。事なかれ主義の怠け者教師に、生徒たちはうんざりしています。しかし、ある日、女子高生たちがみんなはちみつシャンプーを使うようになったら……あの怠け者のダメ教師が突然、まるで花から蜜を集める働きバチのように真面目に働きはじめ、女子高生たちに忠誠を尽くすようになる……といった物語とか。

このように、何でもいいのです。ほかの人を巻き込んで、ブレストとしてアイデアを出し合ってみてもよいでしょう。飛躍するのが目的なので、司会をする人は、最初からお題をかっちり限定しないように気をつけます。また、お題を限定して行き詰まったら、いったん外してみましょう。「このシャンプーに新たに加えるべき訴求ポイントは何か？」といったお題を限定してしまうと、アイデアの飛躍がなくなってしまいます。

ブレストは合議ではない

ブレストでよく陥りがちな落とし穴が、「参加者全員のアイデアを集める→議事録にまとめる→参加者の合意を得る→担当者が企画に落とし込む」という進め方です。これだと、最大公約数をまとめた平凡なアイデアの寄せ集めにしかなりません。飛躍の目的は、これを避けるために、自分以外の視点や切り口から刺激を受け、イメージを膨らませることにあります。そして、思いもよらない発想が個人の中で生まれ、さらにその発想から、別の切り口の新しいアイデアが生まれるというエコサイクルを作るためなのです。

飛躍は、集団の中で生まれるさまざまな視点や切り口を刺激にして、個人の創造性を育むための手法です。これを逆に「個人のよいアイデアを集約する」と考えてしまうと、ブレストにも飛躍にも意味がなくなってしまいます。より愛されるコンテンツを生み出すためにも、飛躍をしてみてください。

ブレストではKYは大歓迎。
次々と飛躍しましょう。

3-5

連想

連想というゲームは楽しく

　かつて、NHKで『連想ゲーム』というクイズ番組がありました。22年間続いた超人気番組ですが、NHKアーカイブの記事[※13]によると、人気が出たきっかけは回答が「しっぽ」のときだったそうです。白組のキャプテンが最初のヒントに「お尻」と言うと、回答者は「パンツ」。次に、紅組キャプテンが「出す」と言うと、女性回答者の答えは「おなら！」。ここでスタジオは爆笑の渦に包まれます。すると放映後、新聞に「NHK雪解けか!?」と記事になったとのこと。それくらい、当時のNHKでは「おなら」という言葉が出てきたこと自体が衝撃だったようです。あるいは回答が「UFO」のとき。ヒントが「お皿型」と出されると、女優の檀ふみさんが自分の胸をちらっと見て「胸」と答えたとか。

　連想ゲームは参加者のキャラクターを引き出し、思考トレーニングを楽しくやれる手法です。アイデアに行き詰まったら、コーヒーブレイクの意味も兼ねて、この連想ゲームをやってみるのもよいでしょう。

連想ゲームでコンテンツ案を考える

　連想ゲームといっても、ブレストにおける連想ゲームでは、回答は用意されていません。引き続き、「はちみつシャンプー」を例として使い、そこから、「はちみつ」というヒントで始めてみます。

はちみつ → 甘い → ベタベタ → いちゃいちゃ → キス → 興奮 → 妊娠

商品と連想ゲームで出てきたキーワードを繋げてコンテンツ案にしてみましょう。

※13　NHKアーカイブス＞なつかしの番組　クイズ・バラエティー編：連想ゲーム：http://www.nhk.or.jp/archives/search/special/detail/?d=entertainment006

096　3　コンテンツ力を鍛える発想法

はちみつシャンプー×甘い
＝日本で販売されているすべてのはちみつシャンプーを並べて、アリが一番集
　まってくるシャンプーはどれ？
　（はちみつの含有率の高さを訴求）

はちみつシャンプー×いちゃいちゃ
＝カップルで使えば、あなたの恋は蜜の味。カップルではちみつ風呂に入って、
　蜜の効用を確かめる
　（カラダにいい成分を訴求）

はちみつシャンプー×キス
＝キスで相性診断。あなたのキスは何味？　みつ味なら相性度満点！
　（はちみつから、恋人にキスというロマンチックで甘い行為を連想させる）

3-5

　あるいは、連想ゲームをしりとりにして、連想できるキーワードの幅を広げるこ
ともできます。

はちみつ →月（つき）→ 金婚式（きんこんしき）→君の名は。（きみのなは）→
ハニー（はにー）→匂い（におい）

　連想ゲームのときと同様にして、しりとりで出ててきたキーワードを商品と繋げ
てコンテンツのキャッチコピー要素にしてみます。

はちみつシャンプー×月
＝好きな人とのハネムーン（Honey Moon）に導く、甘い誘惑の香り。

はちみつシャンプー×金婚式
＝出逢ったその日から、気づいたら50年寄り添っていました。

連想　097

> はちみつシャンプー×君の名は。
> ＝あなたがいつどこの誰かになってしまっても大丈夫。あなたを愛する人は、はちみつシャンプーの髪のあなたを一生忘れないから。

このような流れで、即興で出てきたキーワードを繋ぐだけでも簡単にコンテンツのキャッチコピー案が出来上がります。

簡単にできる１人連想ゲーム

みんなで集まってやる連想ゲームは楽しみながらできるので、会議やブレストをするときにオススメですが、１人で企画を考えなければならないことも当然あります。そんなときは１人連想ゲームをやってみましょう（私は１人連想ゲームをしながら、この原稿を書いています）。たとえば『webcat plus』のような「連想検索」サイトを使ってみてもよいでしょう。そこに単語や文章を入力すると、関連する単語や書籍が表示されます。

webcat plus
http://webcatplus.nii.ac.jp/

それ以外でも、私がよくやる連想ゲームは、レンタルフォトのサイトでキーワードを組み合わせてビジュアル検索をすることです。言葉だけではなく、ビジュアルのヒントも出てくるため、連想の幅がさらに広がり、企画を考える上でとても重宝しています。言葉だけでは思いつかないような想定外のビジュアルが出てくることもよくあるので、アイデアを「飛躍」させるときにも役立ちます。特にWebメディアのコンテンツではビジュアルの力がとても大きいので、ビジュアルでの「連想検索」もオススメです。Googleの画像検索でも同じことができます。

マンダラチャートで連想する

　マンダラチャートは、3×3の9マスの枠で構成される目標達成のためのフレームワークです。クローバ経営研究所代表の松村寧雄氏が考案したもので、事業計画や企画作成、勉強、スポーツの練習など、あらゆるシーンに応用できるため、広く活用されています。プロ野球で二刀流として活躍する大谷翔平選手が、高校時代に監督の勧めでマンダラチャートを活用していたのは有名な話です。大谷選手は真ん中のキーワード(最終ゴール)を「8球団からドラフト1位指名」としていました。これは、かつて野茂英雄投手が1位指名を受けた最多記録だったからです。そして「8球団からドラフト1位指名」を達成するために実行すべきことを埋めていったのです。彼のような目標達成のためのタスク整理に限らず、アイデアの連想連結のためにも使えるので、ぜひ試してみてくだい。

　ここでも「はちみつシャンプー」を例にマンダラチャートを作成してみましょう。

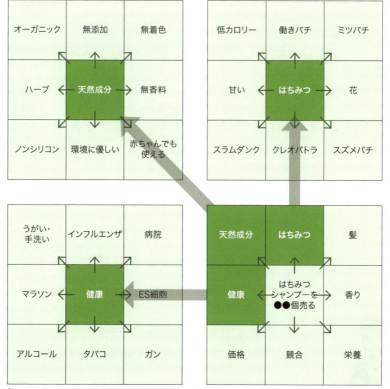

「はちみつシャンプーを売る」ためのマンダラチャートの例(一部)

まず真ん中に「はちみつシャンプーを〇〇個売る」という目標を入れます。そして、その周辺に訴求ポイントになりそうな関連キーワードを埋めていきます。たとえば「はちみつ」「髪」「香り」「天然成分」「健康」「価格」「競合」「栄養」など。そして抽出した8つのキーワードから、さらにそれぞれ派生する8つのキーワードを出していきます。そうすることで売りたい商品の訴求ポイントが可視化され、最低でも9×9＝81個のキーワードが出てきます。そのキーワードを繋げたり、組み合わせたりして、新たなアイデアを考えるヒントにします。

パソコンを捨てよ、町に出よう

　会社のデスクや会議室でパソコンとにらめっこをして考えていても、必ず行き詰まります。そんなときは、外に出て散歩したり、お気に入りのカフェで思考を巡らせたりすることをオススメします。できれば、パソコンはオフィスに残して、ノートと鉛筆だけを手に出かけてみてください。あくまでも、のんびりゆっくりリラックスして。そうすることで、いつもと違う風景が見えてくるものです。あるいは図書館や本屋を巡るのもいいでしょう。ネットでは、ある程度、検索キーワードをもとに目的を持って調べることが多いと思いますが、図書館や本屋で無目的に本や雑誌を眺めていると、偶然の発見に出逢うことがあります。それが「飛躍」でも紹介した、偶然から価値のあるものを発見するセレンディピティを磨く絶好の場だからです。

　私自身は、コラムを書いたり企画書を作成したりするときは、たいていプールに行って水中ウォーキングをします。ジョギングやスイミングでもよいのですが、エネルギーの消費が頭より身体に向かっているためか、なかなか集中でません。その点、水中ウォーキングは、とてもリラックスして熟考することができるのです。その場合は白紙で臨むのではなく、事前にお題を用意しておいて、詳細をブレイクダウンしていくイメージで臨みます。みなさんも、ぜひ一度試してみてください。

連想は脳みそのスポーツです。
リフレッシュのつもりでいっぱい汗をかきましょう。

3-6

描写

優秀な人ほど絵を好む

　絵心のある人はコンテンツ力もある——これは私が編集者として25年の経験を経て確信していることです。では、なぜ絵を描くことがコンテンツ力に繋がるのでしょうか？　絵の上手い下手はあまり関係ありません。ただ、描くのが好きな人は自然と上手にはなります。絵が上手になれば、表現の幅が広がるとともにアイデアの幅も広がります。絵は文字よりも情報量が圧倒的に多く、人間は情報の90%近くを視覚から得るともいわれています。

　たとえば、プレゼンで1枚に1,000字を詰め込んだ文字だらけのスライドを10枚見せた場合と、1枚にインパクトのある画像に20文字を組み合わせたスライド10枚を見せた場合では、お客さんはどちらを記憶に留めているでしょうか。絵は文字よりも情報量が多いにもかかわらず、人の記憶にも残りやすいのです。

絵を描くことで得られるさまざまなメリット

　アイデアを考えるときも、絵を描くことは文字や話す言葉以上の豊富な情報を具体的なカタチにしているのです。また、ビジュアル情報は会議やブレストでもホワイトボードなどで共有すれば、参加者にもインスピレーションを与えることができます。そうすると議論が盛り上がりやすく、アイデアが活性化するというメリットもあります。会議がつまらないなあと感じたら、とりあえず絵にしてみましょう。下手な絵でもいいので、ホワイトボードを使ってみんなで共有してみましょう。絵を描くという行為は、人類が文字を発明する以前からあったコミュニケーション手法です。コンテツを制作し、伝えることを生業とする私たちにとって、もっと重要視すべきことかもしれません。

　私の経験上、コンテンツ力のある優秀なコンテンツ制作者は、会議やブレストで率先してホワイトボードの前に立ち、絵や図表を描くことを好みます。そのほうが参加者が理解しやすく、納得してくれると知っているからです。絵を描くことは、すなわちファシリテーター、クリエイター、ネゴシエーターの1人三役を兼ねることになるので、その存在感も一際大きくなります。

　あなたがある企画を立てて、上司の承認を得なければならないとしましょう。そ

描写　101

のとき、企画書に手描きの絵や図表があると、あなた自身がとても説明をしやすくなり、上司も面倒くさがらないで聞きたがるものです。長い文章を嫌う人は多いですが、絵を嫌う人はほとんどいないのです。

ノートに手書きをする意味

『The Wall Street Journal』に寄稿されたRobert Lee Hotz氏の記事では、「あなどれない『手書き』の学習効果」として、次のように紹介されています[14]。

米プリンストン大学とカリフォルニア大学ロサンゼルス校（UCLA）の研究者により、パソコンに打ち込むより手書きでノートを取る学生の方が総じて成績が良いことが判明した。同じくノートの取り方を比較した別の研究者の実験でも、タイピングよりも手で書く人の方が飲み込みが良く、情報を長く記憶し、新しいアイデアを理解するのにもたけていることが分かった。

この記事を受けて、同じく同誌に寄稿した大学教授のStuart Green氏は、次のように分析しています[15]。

この研究によると、パソコン利用者は基本的に講義内容の「議事録」を作っているが、一方の手書きノート作成者は情報を統合させているという。これは私自身の経験からいってもその通りだ。私が講義でしゃべったことをほぼ逐一記録しているような学生は、私が何を伝えたかったのかを理解していなかった。これはまるで、ケーキのレシピをゼロから作り、材料を全て完璧に計測しておきながら、混ぜ合わせたタネをオーブンに入れるのを忘れるようなものだ。

「手書きノート作成者は情報を統合させているという」というくだりがありますが、絵を描くことは、まさに情報を統合する作業なのです。

---

[14] あなどれない「手書き」の学習効果（WSJ）：http://jp.wsj.com/articles/SB12748367622113273976104581644331252188072

[15] 【寄稿】学生諸君、講義中はノートPCの使用を禁ずる（WSJ）：http://jp.wsj.com/articles/SB10368883563906114164704582184221284655842

3　コンテンツ力を鍛える発想法

ヘタウマでもいいので自分で絵を描こう

　特に雑誌の編集では、「ラフを切る」「サムネイルを起こす」という作業が少なからずあります。これらは、ページ構成がひと目でわかるように全体図を書き起こすことです。さらに、コンテンツ内容をもっと具体的に落とし込むときに「絵コンテを作る」こともあります。どのような順番でどのようなストーリーを作るかを可視化することで、クライアントの承認を得たり、ライターやカメラマンが記事の全体像を把握したり、取材の段取りをスムーズに進めたりするためです。

　近年のWebメディアでは、CMSの利用が主流となりレイアウトや構成が制限されることも多く、このような「ラフを切る」「サムネイルを起こす」「絵コンテを作る」といった作業は減っているように感じます。作成するとしても、Webメディアでは「ワイヤーフレーム」と呼ばれ、専用のツール、ExcelやPowerPointなどを使うことが多く、手書きで作成することはほとんどなくなっています。デザインに落とし込むための構成案であればそれで問題ありませんが、コンテンツ案を考えるときはやはり絵が必要になります。

絵を描くことは愛される原点

　私は小学生のとき、漫画家を目指していました。永井豪先生の作品に夢中になり、『デビルマン』[16]や『バイオレンスジャック』[17]や『キューティーハニー』[18]を真似した漫画を描いては、クラスのみんなに読ませていました。中学生になると漫画家になる夢はあっさり諦めた（飽きた？）のですが、漫画が描けることはモテるための強力な武器であることも知りました。中学生になって同じクラスになったある女の子に、私は一目惚れしました。彼女が『ベルサイユのばら』[19]が大好きと言うので、私はチャンス！と思い、放課後に彼女と教室に残って話しているとき、オスカルの似顔絵を描いたのです。彼女はとても感動して、翌朝、私の机の中には一通のラブレターが！　もちろんクラスで一番かわいいと思った子ですし、その後が『中

---

[16] **デビルマン**：太古の眠りから目覚めたデーモン族と戦うため、自らデーモン族と合体してデビルマンとなった不動明とデーモン族の戦いを描いた漫画。

[17] **バイオレンスジャック**：「関東地獄地震」によって無法地帯となった東京で、暴力によって支配者になろうとするスラムキングと、それを阻む大男バイオレンスジャックとの死闘を描く漫画。

[18] **キューティーハニー**：セクシーでファッショナブルな女の子「如月ハニー」が、変身して悪役を倒すというアニメ作品。その後、アニメのリメイク、映画化、実写映画化が何度も行われており、主題歌は世代を超えて歌われている。

[19] **ベルサイユのばら**：男装の麗人オスカルとフランス王妃マリー・アントワネットらの人生を描く、史実をもとにしたフィクションの漫画。通称「ベルばら」。

二坊のばら』な生活になったのも、ひとえに絵が描けたことに尽きます。

　ラフやサムネイルを描けるからといって、仕事でモテるとは断言できませんが、少なくとも仕事仲間には尊敬され、慕われ、頼りにされ、お金儲けに繋がることは間違いありません。私自身、絵を描けることの重要性を説きながら、今はもうほとんど描けなくなっていますが、最近はある漫画の模写をしつつ絵を勉強しています。Web担当者は絵を描くことが本業ではないので、特に上手になる必要はありません。また、完成された漫画やイラストを作るわけでもありません。ラフやサムネイルや絵コンテは、そのシチュエーションが説明できれば、自分や周囲の人が楽しめて、理解を深められればそれでよいのです。味わいがあって、自分で描いたストーリーを説明できればよいのです。○と△と□と棒線だけでもいいでしょう。近年は動画のニーズが増えているので、ますます絵コンテを描ける価値が高まってきています。できれば、俳優の田辺誠一さんが描く絵のように[20]、決して上手ではなくても、キュートでほっこりできる絵が描けると理想ですね。

---

[20] **田辺誠一さんが描く絵**：Twitterで「絵心のなさすぎる」イラストを投稿し、独創的な絵柄であることから、ネットでは「画伯」と称される。

下手でもいい、教科書への落書きを思い出して、とにかくペンを持って描きましょう。

3-7

合体

なぜ世界には男と女が存在するのか？

　この世界は本当によくできたシステムが存在します。ほとんどの生命には男（オス）と女（メス）という「性」があって、合体することで新たな命が生まれるようになっています。そして、一部の種では、新たな命を育む営みは「愛」という名のもとにステキな快楽を伴うという贈り物も授かっています。

　では、なぜ生命には「性」があるのでしょう。それは男（オス）と女（メス）という異なる性が交わり、合体することで多様性を生み、環境の変化が起きても生き残れるように進化したからであるという説があります。それゆえ、突然変異といわれる、異なるカタチの生命が生まれるのは、種が絶滅するような環境でも生き残れるための保険として存在するとも考えられています。たとえば、ホッキョクグマが白いのは、もともとは茶色だったクマが、北極圏では白いほうが保護色となって獲物を捕獲しやすいため、白いクマが少しずつ現れ、生き残った結果だと考えられているのです。このように多様性を生む合体は、既存のものに新たな命を吹き込む作業といってよいでしょう。

「地味にスゴイ！」というギャップ

　言葉における合体は、どんな変化と進化をもたらすでしょうか。言葉は、人間が生み出した新たな「命」を育むための「コミュニケーションツール」です。そして、私たちは言葉を組み合わせることで、文明を築き、進化してきました。その合体させる言葉のギャップ（差異）が大きければ大きいほど、合体したときのインパクトは大きくなります。多様性と意外性が際立つことになるからです。

　慣れ親しんだ言葉を例に挙げると「草食男子」「腐女子」「美魔女」「サードウェーブ系男子」などは、その典型例でしょう。2016年に大ヒットした石原さとみさん主演のテレビドラマ『地味にスゴイ！校閲ガール・河野悦子』（日本テレビ系列）も、その1つです。タイトルの「地味」と「スゴイ！」の言葉の合体もそうですが、内容的にも、地味な職場におしゃれ好きで明るく活発な女性が登場し、その地味な世界で活躍する姿がユーモラスかつ、ほろりとくる人情味溢れたドラマで描かれていま

合体　105

す。ネット上では「現実と乖離しすぎ！ ありえない！」などと批判も多かったよう
ですが、きっとそれも計算済みでしょう。このギャップの大きなシチュエーション
の合体によって生まれるおもしろさや違和感を上手に使ったドラマだと思います。

暴言淑女と冷酷聖母が出会ったら……

　たとえば、ギャップの小さい言葉を組み合わせてみます。

　「ワガママ＋爺さん」「ワガママ＋猫」「ワガママ＋赤ちゃん」。意外性は、あまり生
まれませんね。これを「赤ちゃん＋爺さん」「ワガママ＋奴隷」「ワガママ＋盲導犬」
と組み合わせると、目にした人は「？」が浮かび、いったいどんなキャラクターな
んだろうと興味を惹かれることでしょう。「赤ちゃん＋爺さん」といえば、漫画『ゲ
ゲゲの鬼太郎』に出てくる「子泣き爺」が有名です。もともとは民俗学者・柳田國
男の著書『妖怪談義』[21] に登場する妖怪ですが、抱っこするとどんどん重くなって、
抱いた人を押し潰してしまうというキャラクターのインパクトは強烈です。

　続いて、ギャップの大きな言葉をいくつか組み合わせてみましょう。

　「親切＋淑女」では当たり前ですが「暴言＋淑女」ならドナルド・トランプ大統領
みたいな石原さとみさんってどんなキャラクターか、興味が湧いてきませんか？
「博愛＋聖母」では当たり前ですが、「冷酷＋聖母」ならドラマが1本作れそうです。
石原さとみさんが演じる「暴言淑女」の保育士と、マツコ・デラックスさんが演じる
「冷酷＋聖母」な園長が幼稚園を舞台に死闘を繰り広げるドラマとか？

三題噺でストーリーを作ってみる

　私が学生の頃、マスコミ志望者のための専門学校では、よく宿題で三題噺が出さ
れました。今の入社試験でも出るのか知りませんが、昔は大手マスコミの定番出題
でした。三題噺は、もともと落語で観客に出させた3つの題目を即興で組み合わせ
て演じる形態の1つです。一見関係のない3つの言葉を組み合わせて物語を作ると
いうことで、発想力、構成力、文章力などを見るのに格好の試験だったのでしょう。

　実際にコンテンツ制作において、発想力、構成力、文章力を鍛えるのに有効だと
思います。ギャップの大きな言葉の組み合わせがインパクトを生むと説明してきま
したが、三題噺はまったく関係のない言葉から1つのテーマに集約していく作業だ
からです。

※21　『妖怪談義』(柳田國男 著／講談社／ISBN4-06-158135-X)、p.199

では、三題噺を通して、はちみつシャンプーの魅力を訴求してみましょう。今、机の上にある、目についたものを３つ挙げます。

コーヒー、スピーカー、iPhone

　そして、この３つの言葉をつないで、はちみつシャンプーの訴求をしてみましょう。

　僕が生まれたのは８月２日だ。いつからか彼女にはハニーと呼ばれている。特にはちみつが好きなわけではないけど、彼女にそう呼ばれることはちょっと気に入っている。
「ねえ、ハニー」
「うん？」
「今日は誕生日なのに家にいるの？」
「うん……風邪ひいたかも。今飲んでいるコーヒーもちょっと微妙な感じだし」
「そっか……じゃあ、はちみつバルサミコ酢ドリンクを作ってあげるね」
　ハチミツバルサミンコスコドリンコ？　僕は彼女から告げられた呪文みたいな言葉に少し頭がクラクラした。やはり熱があるのかもしれない。彼女は少し悪戯っぽい目をして僕の顔を見つめ、静かに立ち上がった。
「レシピ忘れちゃったから、ちょっと調べるね」
　そう言って、彼女はiPhoneをいじりながらキッチンに向かった。
「あった、あった」
　彼女はドヤ顔で、僕にはちみつと酢の瓶を両手に持って見せた。
「私が使っているシャンプーもはちみつ入りなんだよ」
　彼女ははちみつを手にしながら、唐突に僕に寄り添ってきた。髪の甘い香りがそっと漂ってきた。それはちょうど部屋のスピーカーから流れていたノラ・ジョーンズの『ドント・ノウ・ホワイ』のように、甘くやさしい香りだった。
「いい香りだね。僕も使ってみようかな」
「ふふっ。でもあなた、坊主じゃない」
　彼女は僕の坊主頭を優しくなでると、背後から両手を回した。
「そっか。まあ、どんな髪にも合う完璧なシャンプーなんて存在しないしね。完璧なミツバチが存在しないように」
　……あれから１年。僕は28歳になった。もう僕をハニーと呼ぶ彼女はいない。バスルームには、彼女がお気に入りだったはちみつシャンプーが置き去り

のままだった。僕はその残り香を思い出しながら、相変わらずノラ・ジョーンズの甘くやさしい声に耳を傾けている。暑い8月2日の昼下がりに、熱いはちみつバルサミコ酢ドリンクを飲みながら。

十人十色の物語を紡ぐ

　ここではちょっと村上春樹風に遊んでみましたが、三題噺を考えるメリットは、10人が書けば10種類の物語ができることです。1つひとつの完成度を追究するとおもしろい物語を作らねば！とプレッシャーもかかりますが、そんな必要はありません。あくまでもアイデアラッシュの素材集めと考え、私が即興で作成したように気軽に臨めばよいのです。

　関連性のない言葉を組み合わせ、合体することで、それまでまったく意味のなかった言葉が生まれ変わり、自ずと物語を紡いでいきます。この物語こそが、価値のあるコンテンツを生む源泉となるのです。

アイデアの足し算は、1＋1＞2。
それどころか、3にも4にもなります。

Interview

コンテンツ侍に訊く！

尾田和実
── 愛はテンプレート化されるもの
　　じゃない！

尾田和実（おだかずみ）
シンコー・ミュージック、インフォバーン、MTV JAPAN、メディアジーンを経てサイバーエージェントに。『ライフハッカー〔日本版〕』『ROOMIE』『ギズモード・ジャパン』の編集長を経て、サイバーエージェントにてEAS（エディトリアルアドスタジオ）の初代スタジオ長、『SILLY』の編集長などを歴任。

　尾田氏は、元メディアジーンの取締役兼『ギズモード・ジャパン』や『ROOMIE』の編集長を経て、サイバーエージェントでEAS（Editorial AD Studio）室長兼『SILLY（シリー）』編集長として活躍。以前、尾田氏には、メディアの編集長の大先輩としてセミナーをしてもらったことがあります。お題は「気の宿るコンテンツ」。主にメディアとネイティブ広告の制作をする上での心がけについての話だったのですが、その中で特に印象に残っているのが、次のような話でした。

- **商品性＝気（不可視）＝奥行き**
　→見たままではなくて、別の視点を与えることが「編集」。
- **奥行き≒コンテクスト（文脈）**
　→ストーリーを感じられるかどうか。
- **奥行き≠テンプレート**
　→その商品である必然性がない。平べったい薄っぺらい印象。

　今振り返ると、あちこちで氾濫している、コンテンツマーケティングやるやる詐欺によるクズコンテンツは、この「奥行き≠テンプレート」なんだ！と思いました。その商品である必然性がなく、平べったい薄っぺらいコンテンツです。
　尾田氏のいう「気」とは、まさに『スター・ウォーズ』の「May the Force Be With You（フォースと共にあれ）」です。この講義を聴いたとき、私はまるでヨーダの啓示を受けた思いでした。
　私はイメージトレーニングのために、世の中のWebメディアを抽出し、「クズメディア」と「萌えメディア」に選り分けして遊ぶことがあるのですが、つまらないクズメディアは、たいてい冒頭で紹介したコンテンツファーム（訪問者を増やして広告収益を得るために、品質の高くないコンテンツを大量に作成・配信するサービス）です。一方の「萌

えメディア」は、たいてい「オレメディア」です。そういう意味で、尾田氏がメディアジーン時代に編集長をした『ROOMIE』は、まさに尾田メディアと呼んでいいほど、彼の世界観がどっぷり反映されていました。デザインもコピーも見慣れないゆえに、最初は違和感があったのですが、それが半歩先を行く「オレメディア」であり「萌えメディア」の源泉なんだなと、改めて実感したものです。

『SILLY』の仕事を手伝わせていただいたことがあるのですが、とにかく現場が大好きなんだなあという印象が強烈に残りました。現場至上主義、永遠の現場監督。あえてファッション写真家に掃除機を撮らせたり、ローアングルムービーで猫と赤ちゃんを追っかけたりと、遊ばずにはいられない人。とにかく既存のテンプレートを崩したがる人です。

サイバーエージェントで運営されていたカルチャーメディアの『SILLY』を見事に尾田テイストに染め上げたハイセンスな手腕は今も健在。本人は「萌えやアンダーグラウンドは苦手」と言いますが、グラビアが大好きな私にとっても、『SILLY』はかなりの「萌えメディア」でした。

学歴も、男女も、頭の良し悪しも関係ない「力」

──編集という仕事に関わるきっかけを教えてください。

昔からずっと音楽をやっていたので、音楽に関われたらと思っていました。それで大学卒業後、音楽出版社のシンコーミュージックを受けたら、たまたま受かって。なので、編集者になりたいと思っていたわけではなかったんです。気がついたら音楽誌の編集をやっていたという……きっかけはそんな感じですね。

──実際、編集という仕事をしてみてどうでしたか？

最初は『GiGS』[*1]という雑誌をやっていました。編集って、原稿を書くことが主な仕事だと思っていたのですが、当時はビジュアル系が流行っていたこともあり、かなり写真にフォーカスしていたんです。記事だけでなく「そのアーティストをどう魅せるか」という演出が求められていました。思っていたよりも全然創造的だったし、映画監督みたいだなと思いました。そこから「編集者とは」と、意識的になりましたね。以来、音楽に関係なくても編集の仕事がおもしろいと思うようになっ

※1　GiGS：月刊の音楽誌。「すべてのバンドマン＆プレイヤーを応援するロック・マガジン」をキャッチコピーに、楽器の演奏方法から、ライブレポート、アーティストのインタビューまで、音楽に関するさまざまな内容を掲載している。

ていきました。

　あと、音楽誌だったせいか、女性の編集者もいっぱいいて、リベラルな考え方の編集者が多かったんです。学歴も、男女も、頭の良し悪しも体力も関係なく「力」を発揮できるところが、職種としてリベラルでいいなと思いましたね。

── 「力」というのは具体的には？

　たとえば、その頃GLAYの担当をしていたのですが、メンバーに土木工事で使う掘削機の上に乗ってもらって、掘削機が宇宙船みたいなイメージの写真を撮りました。ちょっと笑える感じの写真なんですが、アイデア一発で活きるときもある……そういう「力」です。

　文章を書くこと自体も、単に勉強ができた人がよい文章が書けるとは限らないですよね。読者に受ける文章が書けるというのも、また違うし。楽しんだ者の勝ち。それも「力」ですね。世の中の常識と少し違ったものさしで、好きなことをやって収入が得られるのがおもしろいな、と。

ロックのことがわかる人と、一緒に仕事をしたかった

──音楽誌の編集を8年やられて、その後、転職されていますよね。

　インフォバーンという会社に転職しました。代表の小林弘人さんが書いていた「こばへんの編集モンキー」というイカしたブログがあって、「この人と仕事してみたいな」と思ったのがきっかけです。あと、彼が編集長をしていた『ワイアード』最終号の表紙が真っ白だったのがロックっぽいな、と。ビートルズの『ホワイトアルバム』[※2]みたいで。これだけロックのことがわかる人なら、自分をもっと活かしてくれるんじゃないかと期待を抱いていったんです。

　インフォバーンでは、主に「RealAudio」[※3]を使った動画サイトの編集とメルマガの制作をやっていました。時代に先駆けたことをいろいろやらせてもらいました。

　でも、インフォバーンで数年やっているうちに、音楽に関わる仕事が恋しくなって（笑）。たまたま『MTV JAPAN』に声をかけてもらったこともあって、転職を決めました。音楽業界もテレビだけではダメで、Webでもプロモーションビデオをながさなきゃいけないという過渡期でした。そこでMTV JAPANのWebメディアやフ

※2　**ホワイトアルバム**：1968年にビートルズがリリースした2枚組のアルバム。正式名称は『The Beatles』であるが、白一色のジャケットであるため、「ホワイトアルバム」と呼ばれている。
※3　**RealAudio**：p.074の脚注を参照。

コンテンツ侍に訊く！　**111**

リーペーパーの編集長を兼務してやっていました。

——MTV JAPANで音楽にどっぷり浸って、再びメディアジーン(インフォバーンのグループ会社)に戻られた、と。

　MTV JAPANの仕事は楽しくて、特に辞めたいという気持ちがあったわけではないんです。でも、音楽のプラットフォームがストリーミングに移行する過渡期で、もうちょっとデジタル寄りのことをやってみたいなというのがありました。

　メディアジーンでの最初の仕事は『ライフハッカー[日本版]』[※4]の編集長です。そのあと、メディア全体の統括をやって、取締役COOになって、『ROOMIE』[※5]と『ギズモード・ジャパン』[※6]の編集長を兼任していました。

一番イノベーティブなのが、ネットだった

——当時の『ROOMIE』は、まさに「尾田色」全開というインパクトでした。また音楽と離れたわけですが、今度は恋しくなりませんでしたか?

　音楽誌をやらなくなってから、途中で「音楽誌じゃなくても、考え方は全部音楽でやろう」と思うようになったんです。なぜ自分は音楽や音楽誌が好きだったのかと思い返すと、音楽は常にイノベーティブでカルチャーの中心だったからなんですよね。音楽からカルチャーが生まれてくる感覚がすごくあって、ムーブメントがあって。それまでの価値観がガラリと変わる——そういう痛快さが音楽の魅力だったんです。ただ、あるときから音楽があまりカルチャーやイノベーションと関係なくなってしまった気がして。それまでは「グランジ[※7]は穴の空いているジーンズをはかないとダサいんだよ!」みたいに(笑)、音楽とファッションが密接に関わっていたのが、ある時期からなくなってしまったんです。

※4　**ライフハッカー[日本版]**:仕事だけではなく、生活全般に関する「ライフハック」を紹介するサイト。http://www.lifehacker.jp/

※5　**ROOMIE**:30代男性をターゲットに、インテリア、料理や家事のコツなど、「家で充実した時間を過ごす」を意味する「家充」を研究するメディア。https://www.roomie.jp/

※6　**ギズモード・ジャパン**:「日常的な家電から未来都市、そして最先端のサイエンスからよりすぐれたスマートデザインまで」を扱うテクノロジー情報サイト。http://www.gizmodo.jp/

じゃあ、どこが一番熱いんだろうと見渡すと、ネットだったんです。Googleやアップルにはイノベーションの熱狂があるな、と。なるべく、その熱狂に近いところに行きたいなと思ってメディアジーンに行ったのかもしれませんね。

でも、どこでやっても音楽で培ってきたものが活かされていたとは思います。それまでも自分の中では常にバンドのつもりでやってきましたし。何でも音楽に当てはめて考えるのが、自分の性に合っているかなと思うようになりました。それが外から見れば「尾田色」に繋がっているのかもしれないですね。

今はソロアルバムを作っている気分

——自分の持っているこだわりや矜持があれば、おもしろいコンテンツが作れると？

「餅は餅屋」じゃないけど、それぞれの分野で、自分よりも優れてる人はいっぱいいるわけです。だから、「このジャンルでは自分のほうが得意だ」というところで闘ったほうがいいと思うんです。それがほかのジャンルだったら、どうにかこじつけて、無理やり自分の得意なフィールドに持ってくるわけです。そうすれば、何でもできますよ(笑)。

音楽業界自体は停滞していますが、その手法は活かせると思いました。その後、メディアジーンを辞めて「バンドを脱退してしまった」という気持ちがあるので、いつか再結成できればいいなという思いはあります。今はソロアルバムを作っている気分です(笑)。

——今、「ソロ活動」で目指していることは？

その後、転職したサイバーエージェントは、音楽的なノリというかクリエイティブなことを容認してくれる会社で、ソロだけどメジャーレーベルで闘っている感じです。規模が大きい会社だから、思うようにいかないこともあるし、今までのやり方では通用しないこともあります。「闘う」というと大げさだけど、どう学んで折り

※7 **グランジ**：商業的な音楽や流行音楽とは一線を画し、時代の流れに捕われない普遍的なものを追い求め、前衛的でアンダーグラウンドな音楽シーンであるオルタナティヴロックの1つ。「汚れた」「薄汚い」という意味の「grunge」が語源で、退廃的でシリアスな雰囲気の歌詞が特徴。

※8 **SILLY**：ガールズグラビア、ファッションの最新トレンドから、レアなアイテム、フード情報までを扱う「ミレニアル世代」によるカルチャーメディア。https://silly.amebahypes.com/

合いをつけて、どこまでやれるかチャレンジしているところです。

　編集長をやっていた『SILLY』[*8]はすごく尖ったメディアで、自分がやってきたものの中で一番趣味的な色合いが強いですね。狙っているのが20代男性で、そこをピンポイントでターゲットにしたWebメディアって、実は今までほとんどなかったんですよ。

　ミレニアル世代[*9]は、いつもすごく意識しています。特に1990年代は、ストリート雑誌が全盛期だった時代で、その頃に生まれたコたちの間で1990年代リバイバルが起きていますよね。

──今後は、どのように活動していきたいですか？

　今、Webメディアは「数勝負」と「手法勝負」に二極化しています。まっとうに取材した記事があまり読まれない状況がありますよね。「すごくいい記事なのにヤフトピに上がらない、ニュースアプリに取り上げられない。これじゃあ、やってられない」という声もよく聞きます。そういう状況を打破できればいいかな、と。「いいコンテンツを作っているけど届かない」というのをまとめてフックアップできる影響力を持てたらいいなと考えています。

コンテンツは、コンテナよりコンテクスト

──キュレーションメディアに依存すると、メディアのアイデンティティが失われるというジレンマがありますよね。

　『SILLY』でグラビアをやっていたのですが、男性に媚びるようなものじゃなくて、女性が見てもカッコいいと思えるような写真なんです。でも、それってヤフトピ（Yahoo!ニュースに掲載されたトピックス）には引っかからないんです。でも、予定調和じゃない価値を認めさせられるようになったらいいな、と。そういう強い想いがないと、「人の価値観が変わるイノベーション」は起こせないですから。

　音楽に当てはめて言うと、今のWebメディアはEDM[*10]みたいな感じだと思うんですよね。一時、売れる音楽がEDMしかなかったような状況と同じで、インスタントにPCだけで曲を大量に作るように、コンテンツをじゃんじゃん大量生産して数

※9　**ミレニアル世代**：ミレニアルは英語で「千年紀の」という意味。2000年以降に成人、あるいは社会人になる世代。主に米国で1980〜2000年頃に生まれた若者を指す。

※10　**EDM**：エレクトロニック・ダンス・ミュージックの略称。シンセサイザーやシーケンサーを使って、主にクラブを中心に世界で大流行している音楽ジャンルの1つ。

だけ揃えるみたいな。そういう発想がキュレーションメディアと似ているなと。

そんなオートマティックなものじゃなくて、コンテクストがあるものを作りたいんです。Web業界の人たちって「コンテンツはコンテナ」って思っている人が多い気がします。どう運ぶかばかりを考えて、中身は頭数が揃っていれば何でもいいみたいな。僕にとっては「コンテンツはコンテクスト」で、ストーリーがあって初めてコンテンツが活きてくると思っています。Googleだって中身のあるものを拾いたいんだけど、まだまだアルゴリズムが未成熟で、中身を精査しきれていないというだけのことですよね。

――コンテクストのあるコンテンツとは、どういうことでしょう?

『SILLY』でも、ネットから探して「これ、どう?」と提示するよりも、若いライターの友達の間でクチコミで話題になっている、ストーリー性のあるコンテンツのほうがよく読まれるし、ウケもよかったんです。データにもハッキリ出ていました。

広告はオーダーメイドの服

――PV至上主義で、二次情報の大量生産もまだまだ多いと思いますが。

面倒くさいんですよ、一次情報は。交渉したり、チェックしたり。記事を出したらおしまいではないですから。僕たちの場合、報道スタンスではないので、取材対象者にも気に入ってもらいたいと思うし。そういうケアも含めて、何倍も手間がかかりますよね。でも手間の分だけ必ず報われるという手応えはあります。そこを目指したほうがいいと思います。20代の若いライターと話していても、コンテクストを求める人が多いと実感しています。ただ、上の世代の人が気づいていないだけで。

――WebメディアではPVやUUの数字を目指すと、記事の本数や文字数を増やす方向に走りがちです。

数字を気にするのって、主に広告対策ですよね。これからは、クライアントと一緒に「到達したい場所」を作っていくのが主流になっていくと思っています。

僕は、広告はオーダーメイドの服だと思っています。既製品ではなくて、顧客であるクライアントの要望も取り入れたセミオーダーで作り上げるというカタチです。その要求に1つひとつどれだけ丁寧に対応できるかが、数字以上に大きかったりすると思うんです。「ウチの仕立てはこういう特長がありますが、お客さまに合わせてカスタマイズします」と。ただし、仕立て屋としてのプライドとアイデンティティ

はきっちり持っているって感じです。

——ネイティブ広告[11]は、工夫の余地があって、意外と楽しいですよね。

　ネイティブ広告の中でも、特に「記事広告」や「エディトリアル・アド」と呼ばれるものは、クライアントと一緒に作るものじゃないですか。でも「広告としてどれだけ価値があるか？」という視点が、編集者に欠けているんじゃないかなと思います。広告として優れているかどうかという視点は絶対に必要で、商品の持っているコンテクストを活かして記事にするのが重要だと思うんです。コンテンツが持ってるコンテクストと、広告側が持っているコンテクストをどうやって同じ着地点にもっていくかというのが、実は一番おもしろいところだと思っています。コンテンツに寄りすぎて、商品のよさが伝えられていない記事が多い気がするのですが、それではダメだと思っています。

　僕はコンテンツを作るときに、常に対象に愛情を持つことから始めます。だから、絶対にコンテンツをテンプレート化しません。なぜなら、愛ってテンプレート化されるものじゃないですよね。10人いれば10通りの愛情表現がありますからね。

---

[11]　**ネイティブ広告**：バナー広告やリスティング広告のように無理やり表示して見せるのではなく、コンテンツとして読まれるように表示される広告のこと。p.049の「ネイティブ広告というエンターテインメント」も参照。

Chapter 4

コンテンツ制作に必要な7つの力

コンテンツマーケティングは、コンテンツを企画・制作し、発信するコンテンツ制作者がいなければ成立しません。本章では、筆者の経験をもとにユーザーの心を動かす「愛されるコンテンツ」を作るために抑えておきたい7つのスキルについて紹介します。

4-1

企画力

くだらない意見を尊重しよう

　企画を考えるのは、コンテンツ制作に限らず、ビジネスの基本です。企画なくしてビジネスは始まりません。お金を生むために、会議やブレストなど、さまざまな方法で企画を捻出します。ブレストでおもしろいアイデアを出したり、企画書を作ったりすることが苦手という人も多いかもしれません。しかし、企画は必ずしも自分が特別すごいアイデアを出せなくても大丈夫です。どんなにくだらないことでも、発言することに意義があるのです。

　会議で偉い人がでしゃばって仕切ると、まずつまらなくなります。みんな自由な意見が出しにくくなり、結局、上司が1人で延々と話して、みんなが頷くだけ。特にワンマンの社長がいる会社では、そうなりがちです。そして、社長が「ウチの社員はぜんぜん積極的に発言しない」と嘆くのです。ブレストでは、くだらない意見であっても絶対に否定してはいけません。花瓶の話をしているときに、誰かが唐突に尿瓶の話をしても否定してはいけないのです。みんなで「おお、なるほど！」「その手があったか！」と驚いたり、笑ったりしてあげましょう。参加者は、その関係なさそうなくだらない発言からインスピレーションを得て、また違うアイデアを思い浮かべるのです。

　リオデジャネイロオリンピックの閉会式では、安倍マリオが登場し、世界中を驚かせましたが、当初、「マリオに似たアスリートはいないか」というところから始まったそうです。複数の候補も調整がつかず、ギリギリまで決まらなかったものの、大会組織委員会の森喜朗会長からマリオ役に安倍首相という提案があったそうです。「あり得ないアイデア」と驚いたものの「やって頂けるならチャーミングですてきなことになるんじゃないか」と受け入れたといいます[※1]。決まったときは、みんな相当テンションが上がったと想像します。

　ブレストや企画会議は、みんなのアイデアが化学反応を起こして、何が生まれるかわからないからおもしろいのです。自分がとびきりのすごいアイデアを出さなきゃ！と気負える必要はありません。勇気を持って他人のフンドシで相撲をとりましょう。

※1　「安倍マリオ」起用の舞台裏、スーパーバイザーが明かす（朝日新聞デジタル）：http://www.asahi.com/articles/ASJ996D8BJ99UTQP039.html

118　**4　コンテンツ制作に必要な7つの力**

聞き上手になる

「話し上手は聞き上手」とよくいわれますが、合コンで一番モテるのは、話し上手な人ではなく、間違いなく聞き上手な人です。たとえば、あなたが男性だったとして、女性に悩みを相談されたとき、男らしく自分なりの考えを示して回答を返しますか？

実は、悩みを打ち明ける女性は「ただ聞いてほしいだけ」だったりします。私も経験がありますが、悩みやグチを聞いたときは、正論を返すと不機嫌になることのほうが多く、膿を出させるつもりで、ただ「そうだよね～」と頷いて聞いてあげるほうが明らかに機嫌がよくなって「元気、出てきた」と感謝されます。

企画会議では、この聞き上手の人を「ファシリテーター」といいます。ファシリテーター自身は議題には参加せず、あくまで中立的な立場で進行するようにします。会議を行う場合、ファシリテーターは議事進行を担当しますが、会議中に自分の意見を述べたり、自ら意思決定をしたりすることはありません。ひたすら発言を促す役目に徹するのです。

タレントの明石家さんまさんは、「日本一おしゃべりな男」ともいわれる超一流のエンターテイナーですが、彼は唯一無二のファシリテーターでもあります。テレビという緊張する舞台で、素人からあれだけおもしろい話を引き出し、キャラクターを作ってしまうテクニックは、まさにファシリテーターの理想的なお手本なのです。

ノートパソコンから離れる

中には、ブレストや会議でまったく発言をしないで、企画書を作成しても、箇条書きの文字だらけの退屈なものしか作れない人がいます。誰かからいい話を引き出そうともしないで、ただ黙っているだけ、無益で退屈な人です。ひどいときは、ノートパソコンでほかの仕事をしている人もいます。給料泥棒といっていいでしょう。ブレストなどのアイデアラッシュのときは、ぜひノートパソコンの持ち込みを禁止にしてみてください。用意するのはコピー用紙数枚とペン1本で十分です。何かアイデアが出て、ネットで調べたいと思ったらスマホで十分です。議事録も手書きメモにします。

ブレストや企画会議で傍観者になっている人には、遠慮なく退場してもらいましょう。それはスキルの問題ではなく、職務怠慢でしかありません。チーム内や編集部内で人を楽しませよう、驚かそうという気概のない人がユーザー（読者・消費者）を惹きつけられるコンテンツを作れるわけがないからです。

企画力　119

頭と手を使って人と言葉を交わす

「3-3　障壁」(p.088)でも述べたように、私はコンテンツ制作やメディア運営をテーマにセミナーを開催するときは、なるべくセットでワークショップをするようにしています。自分自身の経験から、セミナーに参加すると勉強した気にはなるのですが、座学だけではあまり身につかないと知っています。ワークショップで実践力が習得できるのは、実際に自分の頭と手を動かすからです。そして、ふだん仕事であまり接点のない人と知恵を交換することで、新鮮な発想も生まれます。スポーツと同じです。いくら本を読んでも上達はしません。考えながらカラダを動かし、実際にチーム連携の練習をしなければうまくはなりません。ワークショップの限られた時間の中で集中して頭に汗をかいて考えると、ふだんの緊張感のない中では出てこないアイデアが意外と出てくるものです。ワークショップをやると、多くの場合、自分でも驚くほどのアイデアが出てきます。

ただ、短時間で集中してワークショップをすれば、必ずアイデアが出てくるというわけではありません。アイデアを出すには、論理的思考の道筋をつけることが必要です。そうすることで、千本ノックのようにやみくもにアイデアをひねり出すという不毛な時間を費やすことを避けられます。企画の考え方にはいろいろな手法がありますが、ここでは代表的な例を1つ紹介しましょう。

あなたが、ある商品を訴求するためのコンテンツ案を考えるとします。その場合、どうやったらターゲットに注目されるコンテンツになるのかを漠然と考えるのではなく、論理的に思考の筋道を作ります。

1 商品の価値
2 ターゲットの設定
3 ターゲットのニーズ
4 商品コンセプト
5 コンテンツ案
6 キャッチコピー

このように考える筋道を論理的に作っていけば、あとは自由気ままに発想をしていっても、本題から大きくハズれることはありません。筋道をつけることで、むしろアイデアを解放することができるのです。

120　**4　コンテンツ制作に必要な7つの力**

外部ブレーンを起用する

　あなたが企業の広報・宣伝・マーケティングなどの責任者で、コンテンツ制作を外部の制作会社に依頼する場合は、まずはブレストのような打ち合わせの機会を設けるとよいでしょう。議題に対してどれくらいの発言ができるのか、アイデアが出せるのかを試してみることをオススメします。口下手でおしゃべりが苦手でも、企画を考えるのは得意というコンテンツ制作者もいます。しかし、発言を求められている状況で発言をしない人は、相手の立場になって考える努力を怠っているともいえます。そのような人が、見ず知らずのユーザーの心をつかむことは決してないのです。

　あなたがライターやカメラマン、イラストレーターといったクリエイターで、コンテンツ制作者と仕事をする場合も同様です。お題だけ与えて「あとはお任せします」というコンテンツ制作者には要注意です。そんなコンテンツ制作者に限って、お任せにしてくれません。出来上がってから、あれこれ注文を出してくるケースが非常に多いのです。これは最初から自分で「何がしたい、読者に何を訴求したい」という考えを持っていないため、出来上がりを見てから、コンテンツの良し悪し（この場合は往々にして好き嫌い）を判断したがるのです。だから、「あとはお任せします」と言われたら、思いつく限り疑問点・不明点を洗い出し、質問攻めにするように心がけてください。それが後出しジャンケンや、二度手間を防ぐ唯一の方法です。

外に出かける

　よく「呑むのも仕事」という昔気質の編集者がいますが、これはあながちウソではありません。一流の編集者は例外なく、異分野のいろいろな人と会って刺激を受けるのが大好きな人たちばかりです。「企画力＝人を巻き込んで対話する力」と考えてよいでしょう。もちろん、呑み会といっても、会社や友人と仕事のグチをこぼす呑み会では意味はありません。あくまでも、新鮮な情報や考え方を仕入れ、思考力を磨くための呑み会です。

　私の友人に「広報は人脈を作るのが仕事」という信条を持つ広報担当の女性がいます。彼女は独自の嗅覚で会社の広報に役立ちそうな催しを見つけては、積極的に参加して人脈を広げています。「えっ？　仕事中にそんなパーティーになんで参加するの？」というような意外な集いに顔を出すことも多く、それをおもしろくないと思う上司もいるのです。「月○本のリリースを打って、○本のメディアに掲載されればOK」というような広報活動をよしとし、これで広く企業PRはできると信じて

ノルマを課す上司にとっては、ただ「呑み歩いている」としか思えないようです。だから「なぜ会社にいないの？ もっと優先すべき仕事があるだろう」と、いつも説教をされていたそうです。ちなみに、彼女はお酒がほとんど呑めません。しかし、やがて嗅覚に従って築き上げてきた人脈で、これまで会社がまったく想定していなかったユニークな企画を提案し、テレビや雑誌などに紹介されたり、メディアに限らず意外なところから「御社を紹介したい」と声をかけられたりするようになります。そこから広報活動の枠を越えて、新規事業の道筋を作るなど、会社を驚かせています。多少時間がかかることもあるようですが、まさにこれがコンテンツマーケティングの原点です。無味乾燥で退屈なプレスリリースをむやみに打ちまくっても人の心を動かすことはできません。企画力とは、人の心を動かし、愛されるコンテンツを作る力であって、既存のルーティン業務を忠実にやることでは決して身につかない力なのです。

　なぜ私たちはコンテンツを制作するのか？という原点に立ち返ってみましょう。私たちは、ユーザーの役に立ち、楽しんでもらうコンテンツを作るために企画を考えているのです。呑み会でグチをこぼしていても、そんな話に誰も耳を傾けてはくれません。デスクにかじりついてパソコンとにらめっこをしていても、楽しく、刺激的な会話は生まれないのです。

企画力とは、コミュニケーション力です！

4-2

ディレクション力

現場監督として何を指示するのか

　ディレクションの役割は、大きく分けて2つあります。1つは、ライターやカメラマン、イラストレーターなどのクリエイターにコンテンツを制作するために適切な指示をすること。もう1つは、編集部やプロジェクトチーム内での会議や取材現場で、的確な指示や段取りをすることです。

　クリエイターへの指示は「ディレクション＝主体性」と考えています。ディレクションにはある程度の経験が求められそうですが、経験よりも主体性です。自分がどうしたいのかを主体的に考えればよいのです。そして自分の考えで現場を動かすことが重要なのです。主体的にディレクションをする人は、その後の結果に責任をとらざるを得ません。ディレクションをしない、あるいは曖昧な人は責任逃れをしている、もしくは何をしたいのかという明確なビジョンがないことがほとんどです。

　私がパートナー契約をしている、あるWebコンサルタント会社は若い人が多く、新人でも優秀であれば大きな仕事を一任する企業文化があります。私はたまたま、まだ1年目の新人の女性と組む機会がありました。内容はサイト改善とソーシャルメディアの運営のコンサルタント業務です。私が運用ガイドラインを作成し、それに従って、随時、お客さんに改善提案をしていくのですが、彼女は私が作成したガイドラインを完全に自分のものに昇華し、私が不在のときでもお客さんに的確なアドバイスをしています。これは仕事の飲み込みが早いというだけではなく、自分がしてほしいことをしっかり見極め、それをクライアントに置き換えて、相手がどうされたら喜んでくれるのかを考えられるからです。入社2年目の営業の人で撮影ディレクションができる人もいれば、編集経験10年以上のベテランでも「間違ってなければいいです」「お任せします」と言って、まったくディレクションができない人もいます。これは主体性のある・なしだけの違いなのです。

あなたがすべきことが何かを見極める

　ある典型的な撮影現場でのお話をしましょう。
　とある大手酒造メーカーの撮影現場のことです。私は、その案件を仕切る主要担

ディレクション力　123

当編集者でした。撮影現場の参加者は酒造メーカーであるクライアントから、現場担当者とその上司の2名、広告代理店の担当者1名。その3名が、私にとってのお客さんになります。そして、私が手配するのは、ライター、カメラマン、モデル、フードコーディネーター、スタイリスト、ヘアメイクなど、アシスタントを含めると総勢10名以上です。撮影とインタビューの時間は約8時間の長丁場です。これを私一人で回すのは難しいので、サポートにスタッフを2名追加しました。クライアントからは役員クラスの偉い方が来られるので、こちらも取締役を1名、そして私のサポートに部下の編集者を1名、配置しました。私の主なタスクは撮影ディレクションとインタビューです。しかし、撮影現場では、各スタッフへの指示だけではなく、クライアントに撮影の主旨と流れをきちんと説明し、安心してもらうために随時話相手をしている必要があります。そのほかに、食事の用意、席の配置、時間配分、撮影のサポートなど、細かい業務が次から次へと出てきます。

　そのような撮影現場において、こちらで手配した取締役の役目は、主にクライアントの話し相手でした。しかし、彼はクライアントとまったく会話をする気配もなく、ずっと顔見知りのスタッフと雑談をしているだけ。自分をサポートするはずの編集者もスタート時にスタッフが集まり始めて、各自どこに座ればいいのかわからないでウロウロしていてもボケーっと眺めているだけ。最初に役割分担について説明していたものの、これでは何のために2名の人材を割いたのかわかりません。私はすかさず2人に具体的にすべきタスクを改めて指示しました。

　ディレクションは、先ほど述べたように主体的に「相手の気持ちになって考えているかどうか」に尽きます。==ディレクターは、全体を俯瞰し、参加者全員が自身の仕事に集中できる環境をセッティングするのが役目==なのです。誰も気づかないことにいかに気づくか、自分がしてほしいことを常に考え、それを相手に置き換えたことも同時に考えつつ、臨まなければなりません。

トラブルは必ず発生すると考えておく

　==現場での取材や撮影において、== ==不測の事態は必ず起こるもの==だと考えておくべきです。スタッフの誰かが突然来られなくなったり、時間に遅れたり、用意すべきものが揃っていなかったり、関係者に話がきちんと伝わっていなかったり……。しかし、トラブルの大半は事前の準備でほとんどが防げます。起こり得そうなトラブルを事前に想定して、そのときにどういう対処をすべきかを事前に準備をしておけばよいだけです。リハーサルまではなかなかできませんが、綿密な香盤表（時間割りしたスケジュール表）を作成することで、ある程度はトラブル回避のシミュレーションが可能になります。

下に挙げたのはある香盤表の一例ですが、ここで何が起こり得るか、事前に書き込んでおくことで、たいていのトラブルは防ぐことができるはずです。経験も少なく、どんなトラブルが起こり得るか想定できないという人は、香盤表をもとに、同じような現場取材の経験のある先輩や同僚に確認するとよいでしょう。

香盤表
花粉症対策の撮影
日時：○月○日（月）12時〜18時
場所：○○○○○○○○○○○

【撮影参加者】
クライアント1名（○○様）　担当編集者1名（成田）　営業1名（氏名）　カメラマン1名（氏名）
カメラアシスタント1名（氏名）　モデル1名（氏名）　ヘアメイク1名（氏名）　スタイリスト1名（氏名）

時間		構成	内容
9:00	集合	■スタジオ担当者取り扱い説明 ■ヘアメイク、衣装準備 ■撮影セッティング	
10:00	撮影	■バスローブ姿の湯上がりシーン	【1】入浴がすむまで寝室には入らない。 花粉を家に入れ込まないためには、外出から帰って上着を脱いだだけでは不十分。花粉は髪や肌にも付着しています。そのまま過ごしていると、花粉を部屋中にまき散らしてしまうので、花粉の季節は外出したらなるべく早めに入浴をし、できれば入浴がすむまで寝室には入らないようにしましょう。
10:30	着替え		
10:50	撮影	■花粉症で眠れないシーン ■ベッドで気持ちよさそうに起きるシーン	
11:10	着替え		
11:30	撮影	■掃除シーン マスク着用で、雑巾がけ、またはモップがけと水中スプレー	【2】まめに拭き掃除をする 室内の花粉やホコリを減らすためには寝室はもちろん、どの部屋もまめに掃除をすることが大切。 花粉やホコリを効率よく取り去るためには、いきなり掃除機をかけるのではなく、まず拭き掃除から始めましょう。空気中に軽く水スプレーをし、花粉やホコリを落ちやすくしてから拭き掃除をして、最後に掃除機をかけるようにしましょう。
12:30	ランチ休憩		【3】寝具に花粉を寄せ付けない
13:10	撮影	■商品利用シーン ふとんを叩くシーン シーツと掛け布団に掃除をかけるシーン かけるコツを細かく各ステップで説明カット	寝具は外に出さないようにし、シーツをまめに取り変えること。また、寝具の表面を定期的に掃除機で吸い取るようにしましょう。 パンパン叩くのは逆効果になることがあるのでNGです。 花粉だけでなく、ダニやカビなどが付着していると、花粉症の症状が悪化してしまうことがあります。 最近では花粉、ホコリ、ダニなどが入り込みにくい寝具もあるので、買い替え予定のある方はチェックしてみてください。
15:00	撮影 （モデルなし）	■ベッド 引きと寄りの2パターン ■空気清浄機 寄りのみ（主役にならないよう雰囲気重視）	【3】ベッドなどを利用する どんなに掃除をしても、夜になると花粉やホコリは下へ落ちてきます。床から30cmくらいにもっとも多く集まると言われているので、花粉やホコリが気になる人は布団ではなく、できればベッドを利用して床から少し高い位置で眠るようにしましょう。 【4】空気清浄機を利用する 花粉やホコリに敏感な人は、玄関や寝室に空気清浄機を。寝室に置く空気清浄機については音が静かなもの、ライトが消灯できるものを選びましょう。音がうるさかったり、ライトが点灯するものは、睡眠の妨げになるので要注意！
16:00	終了		

香盤表の例

4-2

ディレクション力　　125

演出家であるという意識を

　航空会社の機内誌の編集をしていたときは海外取材が多かったのですが、海外になると失敗は本当に取り返しがつかないので、緊張の連続です。海外取材の場合は、編集者とライターとカメラマン、そして場合によっては現地コーディネーターによる取材が基本構成です。この場合、お互いが初対面のことも多いですし、必ずしも相性のよい者同士の組み合わせになるとは限りません。なるべく相性のよさそうな組み合わせを考えますが、私自身初めてのスタッフと組むこともあるので、その場合はやってみないとわかりません。相性が悪い組み合わせになることも、ときどき起こります。

　しかし、ベストのコンテンツを作るためのベストのチーム編成という目的に違いはないので、いかにして取材の間に気持ちよくパフォーマンスを発揮してもらうかに全力を注ぎます。ディレクターは演出家でもあるのです。役者が最高のパフォーマンスを出せるように舞台をセッティングし、演出するのが仕事です。自分が黒子、場合によってはスケープゴートになる覚悟で臨みましょう。

ディレクションで肝心なのは、
経験やスキルではなく、主体性です。

4-3

進行管理

自身が「猛獣使い」であれ

　どんなに企画力があるアイデアマンでも、進行管理が苦手な人は少なからずいます。クライアントをはじめ、現場のライターやカメラマンなどからのクレームのほとんどは、この進行管理がおざなりになることから発生します。クリエイター気取りで、スケジュール管理は二の次と考える人も多いのです。逆に、進行管理がきちんとできるコンテンツ制作者は、どんな仕事もたいてい何とかなります。大きな問題に発展することはほとんどありません。

　どんなビジネスでも、スケジュール厳守は基本です。特にコンテンツ制作者は作家や漫画家などのクリエイターとの仕事も多くあります。むしろ、そういう締め切りに苦しみがちなクリエイターをサポートし、マネージメントするのもコンテンツ制作者の重要な仕事になります。つまり、自身が「猛獣使い」にならなければならない仕事なのに、クリエイター気取りでスケジュールを二の次にしていては本末転倒なのです。

進行管理ができないコンテンツ制作者とは縁を切ろう

　ある漫画エージェントに漫画企画を依頼したときのことです。漫画家が毎回締切に遅れるので注意を促したのですが、「漫画家が忙しいのでコントロールは難しい。仕方がないので我慢してほしい」と言ってきたエージェントがいました。明らかにエージェントの職務放棄です。毎月の連載という契約でありながら「やってみないとわからない」と開き直るのです。しかし、エンドクライアントとの兼ね合いもあって始まった連載なのですぐに漫画家を入れ替えることもできず、契約の縛りもあって解約するまでにかなり時間がかかりました。企画費や進行管理費を請求に入れながら、企画はこちら任せ、進行の責任もとらないでは、エージェントとしての機能を果たしていません。

　納品遅れや納品ミスは論外ですが、中にはギリギリまで動かず、どんなに忙しくても最後は何とか帳尻合わせをするのを得意げに自慢するコンテンツ制作者もいます。その場合は、たいてい陰でライターやデザイナーにしわ寄せがきています。「と

進行管理　　127

りあえず間に合えばいい」とギリギリまで寝かせたりすることで、多くのスタッフに負担がかかるにもかかわらず、勲章のように考えているのです。これは制作スタッフのモチベーションが下がるのはもちろん、時間に追われることで品質管理が疎かになるケースがほとんどです。火事場の馬鹿力を自慢するコンテンツ制作者は、ただの無能です。

　私自身が経験したことですが、依頼から締め切りまで1週間という原稿作成の仕事を受けました。しかし、公開日が決まっていたわけでなく、納品してから45日ほど寝かされたのです。本人としては本来目指していた公開日があったようですが、きっと忙しくて後回しになったのでしょう。ボツになったのか心配になり、何度か進捗状況を確認したのですが「忙しいのでちょっと見られてない」の繰り返し。

　そして45日後に突然、原稿の修正指示のフィードバックがあったのですが、翌日の正午までに修正して戻せとの指示。45日も寝かせた理由も、締め切りまで1日もない理由も説明なし。私もほかの仕事との兼ね合いもあるので、突然フィードバックされても、時間がなくておざなりになり兼ねません。同じ日に数本の締め切りを抱えていたら対応できなかったでしょう。信じられないかもしれませんが、業界ではそれなりに名の通ったメディアでも、こういういい加減な編集者が少なくないのです。コンテンツの品質管理だけができても、編集者としては失格です。

仕事は1人でやっていると勘違いしないこと

　あなたはスケジュール表を作成していますか？　対応が後手後手に回ってしまうことが習性になっているコンテンツ制作者は、スケジュール表を作成しないで、自分ですべて抱え込む傾向にあります。自分で尻を拭えば文句はないだろうと、自分の頭の中だけにスケジュールを引いて、パートナーと共有しないことが多々あります。修正対応も自身で勝手にやって、ライターに一切フィードバックをしないで公開してしまう人も多く見てきています。

　特にクライアントありきのソリューション案件では、担当編集者はクライアントの顔色をうかがうのに必死で、制作スタッフをないがしろにするケースも目につきます。私自身、ある企業のオウンドメディアで8回の連載コラムを書かせてもらったとき、書いた原稿のフィードバックがあったのは2回のみということがありました。あとは勝手にリライトされて知らぬ間に掲載され、その連絡もありませんでした。編集者本人としては、クライアントの確認さえできていれば問題なしという認識なのでしょう。

　クライアントと制作スタッフの区別（あるいは差別）をすると、どうしても進行管理にムラが出てきます。クライアントにしか意識が向いていないコンテンツ制作者

は、制作したコンテンツが最終的にユーザーのためであることを理解していません。受注仕事で自身がクライアントにいわゆる「業者扱い」されてきたコンテンツ制作者は、往々にしてこういうスタンスで仕事をします。彼らに共通しているのは、直接お金をくれるクライアントの顔は見ていても、その先にいるユーザーの顔は見えていないということです。

メールのやりとりでわかる進行管理能力

元GoogleのCEOのエリック・シュミット氏は、メールの返信について次のように述べています[2]。

> すぐ返信する──世の中にはメールの返信が即座にあるとアテにできる人と、アテにできない人がいる。前者になるよう努力しよう。私たちが知っているなかでもとびきり優秀で、しかもとびきり忙しい人は、たいていメールへの反応が速い。

進行管理能力は、メールの使い方に顕著に現れます。メールの返信の早さは、仕事の遂行能力の高さに比例します。仕事を依頼するとき、24時間以内に返事をくれるライターは、ほとんどスケジュールも守ってくれます。私は1週間ほど経ってから返事をしてくるようなライターには絶対に仕事を依頼しません。経験上、そういうライターは締め切りを守らないか、雲隠れするからです。メールの返事が遅い人はたいてい忙しさを理由にしますが、忙しい人ほど返事は早いのです。というよりも、メールの返信の早い人ほど信頼され、よい仕事が増えるので忙しくなっているのでしょう。

以前、一緒に仕事をした同僚で、この人はいつ寝ているの？と思うほど、どんな時間帯でもすぐにメールに返事をしてくれる人がいました。まるでチャットのように素早く簡潔なメールを返信してくれます。こういう人は的確かつ迅速に仕事を進めるため、お客さんはもちろん、社内のスタッフからも信頼され、愛されていました。

ある大手広告代理店のとても優秀なプランナーで、深夜0時、朝6時、10時と、どんな時間でも返信をしてくる人がいました。彼に「いつ寝てるのですか？」と聞

[2] 『How Google Works ──私たちの働き方とマネジメント』(エリック・シュミット、ジョナサン・ローゼンバーグ、アラン・イーグル 著、土方奈美 訳／日本経済新聞出版社／ISBN978-4-532-31955-7)、p.259

いたら、「いや〜、実は6時から10時はたいてい二度寝してますよ〜。でも、そうすると24時間仕事してるように見えるでしょ？」とバツが悪そうに笑っていました。

返事が遅い常習者は絶対に信用するな

　一方、メールには一切返事をしないで、時間にルーズで会議や打ち合わせもいつも遅れる人がいました。こういう人と関わると、たいてい誰かがスケジュールのしわ寄せを被ることになります。しかも、決定権を持つ偉いポジションにいる人だったため、現場のスタッフは誰も文句が言えません。それはもう傍若無人の典型です。何かを決定しなければいけない状況でいつまで待っても決断はしてくれない、そして外出が多いので「あの人はいつもつかまらない」と、みんな諦めます。それゆえ、そういう人が「返事の早い人」に改善されることはまずありません。

　もし、あなたが「返事の遅い人」と仕事をする状況になったら、前者のような「返事の早い人」を見つけて巻き込むようにしてください。「返事の早い人」は、問題処理能力も高いため（放置することを我慢できないのです）、進行管理をないがしろにする「返事の遅い人」が組織全体の生産効率を著しく損なうことを知っています。そして、あなた自身が「返事の遅い人」だと自覚しているなら、すぐに返事をする習慣を身につけるようにしてください。別に「7人の小人」みたいに夜中も必死になって返事をする必要はありません。時間を守ってきちんと定期的に返事をするだけでよいのです。愛されるコンテンツを制作するためには、それが最善の方法であることを実感できるでしょう。

スケジュールを引かない人、メールの返信の遅い人は、ただの無能です。

4-4

キャスティング

常に血の入れ替えをしよう

　雑誌の場合、ページ制限があり、記事の基本構成は「特集、連載、おつまみ（小ネタ）」といった体裁になります。しかし、Webのキュレーションメディアは「おつまみ」記事のみで構成される場合が多いので、誰に何を頼むかというキャスティングの醍醐味を味わう機会がなかなかありません。ライターもそういうニーズに慣れているため、とりあえず何でも書きますと、便利屋になりがちです。

　しかし、どんなに記事の大量生産が軸のメディアでも、キャスティングはコンテンツを作るための重要な業務の1つです。コンテンツの良し悪しは、誰をキャスティングするかで、ほぼ決まるといってもよいでしょう。クラウドソーシングを使ってコンテンツを制作するのは、キャスティングではありません。ただの穴埋めです。それでは愛されるコンテンツは決して作れません。キャスティングとは、その企画主旨に合ったコンテンツを最適な形で仕上げるために、どのスタッフを起用するかを考え、適材適所に人材を配置することです。

　コンテンツ制作の仕事は、常に時間に追われています。そんなときにやっつけ仕事にならないためには、ふだんからどれだけの制作スタッフを抱えているかが勝負を決めます。たとえば、世界のキノコ料理レシピを作るという企画を進めることになったとします。まず料理に詳しいライターや料理の撮影が得意なカメラマン、あるいはキノコの専門家を起用すると考えるわけですが、1週間以内に手配しなければならないとなったときに初めて探すようでは、最適なメンバーを揃えられるはずがありません。コンテンツ制作者は、リソースが足りなくて締め切りに間に合わないと、自らクビを絞めることになります。

　もちろん、いつも同じスタッフで「あ・うん」の呼吸で仕事をすることも重要です。一流の映画監督が、いつも同じスタッフで安定した良質の作品を作るというのもよくある話です。しかし、意図して同じスタッフを起用するのと、何となくほかにいないから惰性で同じスタッフを起用するのはまったく意味が違います。また、同じスタッフなら安心だからといって、新しいスタッフを探さないとルーティンワーク（マンネリ）に陥っていきます。そうならないためには、日頃からアンテナを高くして、必要になりそうなジャンルやテーマのスタッフをあらかじめ用意しておくことが必要なのです。

俳優のトム・クルーズは常にヒット作を生み出す世界的な大スターですが、多くの作品でプロデューサーも兼任しています。その際には、自分の信頼するスタッフを重用しつつ、常に新しいスタッフも交えて制作を行っているそうです。『ミッション：インポッシブル』シリーズでは前回のスタッフを起用しつつも、新鮮味を失わないように常に半分くらいは新しいスタッフに入れ替えることで成功を収めています。

キャスティングはテーマ探しの出発点

　私は月刊誌の編集を担当していたときは、毎月新たにライターとカメラマンを開拓するというタスクを自らに課していました。必ずしも特集テーマに沿った専門分野のライターを起用するとは限りません。機内誌の編集をしていたとき、キャスティングで思い出深かった取材についてお話しましょう。

　オランダのスキポール空港がスポンサーのタイアップ記事を制作する機会がありました。いくつかの企画を提案し、最終的にバリエーション豊かなアムステルダムのカフェを紹介するという企画が通りました。取材前のリサーチで、アムステルダムには「フゼラク（心地よい）」という独特の文化があり、この文化がアムステルダムのカフェに根づいていると知ったので、この「『フゼラク（心地よい）』を体験する」というコンセプトでさまざまなカフェを巡ることにしました。チェスカフェや猫カフェなど、ユニークなカフェが数多くあるのもアムステルダムの特長でした。しかし、カフェを一軒一軒紹介するだけでは、ただの旅行ガイドになってしまいます。

　そこで、私は当時一番お気に入りだった作家に依頼して、「フゼラク（心地よい）」をテーマにどんな記事に料理してくれるのか、取材道中いろいろ語り合いながら、ストーリーの構成を探りました。撮影には、これまで何度も組んできた、自然光の使い方がとても上手なカメラマンを起用しました。作家ともそれまでも何度か仕事をしたことがあり、作家自身も企画に興味を持ってくれたのでスケジュールの調整さえ合えば問題ありません。カメラマンも、私が描いていた世界観にぴったり。最大の難関は、現地コーディネーターでした。アムステルダム在住のコーディネーターを何人か探し、その数名とメールで何度かやりとりをして、返信の早さやカフェの詳しさ、日程の都合などから検討し、取材に一番適切だと思えた人に依頼しました。

　私がコーディネーターに最も感心したのは、カフェの詳しさだけでなく、カフェの日差しの入り方まで把握していたことです。作家が店内への光の入り方を気にしていて、こんな感じの光が入るお店はあるかと無理難題を投げかけたのですが、「今の季節だったら○○時頃になれば、こんな感じの光が入ると思う」と、まさに痒いところに手が届くコーディネートぶりだったのです。そのコーディネーターと組んでいたドライバーが生まれも育ちもアムステルダムの人だったので、アムステルダ

ムの街全体が庭のようなもので、作家もカメラマンも気持ちよく仕事ができる環境を完璧に用意してくれました。

おもしろいカフェはたくさんあったのですが、逆にこれだけ巡ったカフェをどんなストーリーに創り上げていくか迷いました。しかし、だからこそ作家に依頼した期待感が膨らみました。ただのカフェ紹介では決して終わらないと確信していたからです。結果は期待通りでした。最終日にアムステルダム美術館に絵画を観に行ったのですが、そのときに目にしたフェルメールの絵画がストーリーの骨子になりました。フェルメールといえば、「光の魔術師」です。オランダ人にとっての「フゼラク（心地よい）」という文化と、オランダ人にとっての光。カフェでもあれだけ日差しの入り方にこだわったことが、ここで結びついたのです。

キャスティングでは想定外の冒険もしよう

キャスティングの醍醐味は、ブレストで起こる化学反応と同じように、ライターやカメラマンをそれまで体験したことのないことにあえて遭遇させることにあります。それによって、新たな化学反応が起こることが期待できます。想定内の安全な選択をすることも否定はしませんが、ユーザーに意外性や強烈な印象を与えるためには、自らが冒険をしないと、新しい視点の新しい発見が生まれる可能性も閉ざされてしまいます。そこで、私は、キャスティングの醍醐味として、常に異分子の組み合わせを考えるようにしていました。

2004年のことです。ニフティという会社が始めた「ココログ」というブログプロジェクトに参画しました。ニフティの担当者（清田いちる氏）から「広く男性に訴求したいから、アイドルに書かせたい」という要望をいただきました。ただし、ちゃんとコンテンツ力のあるアイドルにしたいという条件でした。いろいろ候補者をピックアップし、当時人気があり、雑誌などでコラムも書いていたようなアイドルから当たっていきました、しかし「ブログ？ 何それ？」と、ほとんどの事務所が興味を示してくれませんでした。

そこでもう少し深掘りしてリサーチしていくと、昔、パソコン系雑誌でコラムを書いていて、自らHTMLも組んだことがあるというグラビアアイドルを発見しました。私は、これまでのアイドルが書くような日記のイメージを覆せる予感がしました。アイドルっぽくないストレートな言葉遣いに、本音を語れる知性の高さと、ボキャブラリーの豊かさを感じたのです。彼女ならきっとおもしろいブログが書けると確信し、担当者も賛同してくれてスタートすることになりました。

事務所のマネージャーと打ち合わせをしたとき、「彼女は暴走するかもしれない」という言葉に、内心期待感が高まりました。興奮2割、期待感8割。案の定、一度

だけ暴走コメントを投稿して大騒ぎになったこともあるのですが、そうなったのも一度きり。そんな彼女は期待通り、1カ月後には大ブレイクし、後に「ブログの女王」と呼ばれるようになりました。その「ブログの女王」とは、みなさんもご存知の眞鍋かをりさんです。以後、多くのタレントが競ってブログを始めたのは、この年からだったのです。

ブログをまとめた書籍
『眞鍋かをりのココだけの話（ココログブックス）』
（インフォバーン）

　コンテンツ制作は、作り手がワクワクドキドキしなければ、ユーザーをワクワクドキドキさせることなどできません。作り手の緊張感や期待感、スリルや興奮は、必ずユーザーに伝わるものです。逆に、作り手が何の期待感もなく安心感だけで発信したコンテンツに、ユーザーが期待してくれるはずはないのです。

リスクも辞さない開拓精神を。
開拓なくして新しいコンテンツは生まれません。

4-5

品質管理

読み物としての最低限の品質

　2016年は『地味にスゴイ！校閲ガール・河野悦子』（日本テレビ系列）が大ヒットし、編集や校閲という仕事が広く知られるようになりました。校正や校閲という仕事があるのは、主に誤字脱字（校正の仕事）、事実誤認、情報源のチェックをするためです。そして、最近多いのが、Webからネタを拾ってきて作成する二次コンテンツのコピペチェックです。コピペチェック専用のツールもあるくらいなので、いかにコピペコンテンツが主流になっているかが想像できるでしょう。コンテンツのおもしろさ、オリジナリティの追究は、こういった最低限の品質管理があって初めて成立します。

原稿料と校正・校閲の逆転現象

　Webでは、特に二次情報としてコンテンツ制作する場合、原稿料がとても安いことが多いので、品質管理が難しくなります。なぜなら、安い原稿料で請け負うライターは、やはり安い価格なりの品質になるからです。そうすると原稿への信頼性も低くなり、校正と校閲をしっかりやる必要が出てきて、結局は外注することになります。つまり、原稿料よりも校正・校閲料のコストのほうが高くなるという本末転倒の逆転現象が起きるのです。実際にそういうケースを何度か見たことがあります。原稿料が2,000字で2,000円、校正料が2,000字で2,000円、校閲料が2,000字で4,000円とか。

　そもそも原稿料より高い金額を払ってでも校閲が必要な記事なら、専門性が高い場合が多いはずなので、専門性に対応できるライターを起用すべきです。そうなると2,000字で2,000円という価格で依頼できるはずがありません。つまり、原稿料を抑えるために安くても書いてくれるレベルの低いライターに発注したとしても、編集者自らが校正・校閲するスキルも時間もない場合、結局は外注の校正・校閲を発注するという本来必要のない費用がかかってしまうわけです。であれば、最初から2,000字で8,000円（それでもまだ安い）にして、編集者が校正・校閲をすべきでしょう。

おまけに、Webメディアが検索で上位表示されるためには、記事本数が多ければ多いほど、1本の記事が長ければ長いほど効果が出るという現実があるので、質よりも量を追いかけてしまうのです。担当者1名で毎日50〜100本の記事を更新していれば、品質を管理できるはずもありません。

オリエンシートの上手な使い方

記事の品質を保つために、オリエンシートを作成することがあります。これはクライアントからの受注仕事に多いのですが、想定していたものとズレが生じないように、事前にどんな記事になるかを詰めておくために使います。特に検索で上位表示を狙うために必要なキーワードを網羅したり、同じテーマで何本も書く場合、ライターによって内容が被らないようにしたり、ターゲットのニーズに適合しているかを確認したりします。

ただ、これも使い方を誤ると、とても効率の悪い作業になるので気をつけなければなりません。たとえば、オリエンシートには「テーマ」「必要なキーワード」「文字数」「概要」「ターゲットニーズ(課題、欲求、不安)」「ターゲットに気づいてもらいたいこと」「想定される構成要素」といったチェック項目を入れますが、念入りにやり始めると、実際の記事作成以上に手間と時間がかかります。このようなシートを使うと、10本の記事を作成するためのシート作成に数日を費やすこともあります。

また、オリエンシートの時点で細かく決めたがるクライアントは、間違いなく最終的に上がってきた原稿にもあれこれ注文をつけたがります。事前にガチガチに完成図を描いてしまうと、想定外の記事が上がってきた場合、それがおもしろい記事になっていても許されないのです。逆に、コンテンツ制作者やライターが信頼されていれば、そもそもこのようなオリエンシートは不要です。

私自身は、オリエントシートは自身の中でチェックできていれば、文書化して作業に含める必要はないと考えています。この作業をコンテンツ制作の当たり前のプロセスと考えるとムダな工数が重なることが多々あります。クライアントが求める場合は、どれくらいの工数がかかるか、事前にきちんとコスト計算をしておくようにします(つまり、原稿料と編集費と別に見積もり項目として入れる)。もちろん、オリエンシートは、上手に使えば、編集やクライアントワークの経験に乏しい人には強力な助っ人ツールになり得るので、活用する価値はあるでしょう。

オリエンシート	
テーマ	IoTダンディの上質な暮らし　電子レンジ編
文字数	3,000
記事概要	IoT電子レンジを使って朝食を楽しむ独身男性。朝起きてIoT電子レンジに今朝のオススメの朝食を尋ねる。トーストとベーコンエッグという回答。必要な素材と作り方を電子レンジが教えてくれる。
ターゲット	都会の独身男性。年収500万円以上で、家電にお金をかける余裕がある。
ターゲットニーズ（課題、欲求、不安）	30歳を過ぎてから健康を気にしはじめ、カラダにいい食生活を考えるようになっている。
ターゲットに気づいてもらいたいこと	自分で料理をすることが面倒ではなく、生活に彩りと充実感をもたらす楽しいイベントであることを知ってもらう。

オリエンシートの例

真偽の確認の難しさ

コンテンツの質は起用するライターの質に大きく関係してきます。つまり、テーマによってどんなライターを起用するかで、その質の行方が大きく決まるわけです。現在は、自分で名乗ればいつでもライターになれる時代です。片手間でやるいい加減なライターも数多くいます。文章が下手だとか、ディレクション通りに書いてくれないということであれば、使えるライターかどうかの判断はすぐにできます。しかし、文章も質も合格点レベルで、ディレクション通りの記事であったらどうでしょうか？　でも、その記事の情報源が完全なコピーだったらどうしますか？

たとえば、依頼時に執筆にあたって守るべきガイドラインを渡します。そこには、コピペは禁止、引用する場合は引用元を明示する、事実確認をするなど、執筆にあたっての基本的なルールを書いておきます。しかし、ライターが手を抜いてそれを守らず、ウソをついていたら、それを見破るのはなかなか難しい作業になります。

先ほどのオリエンシートのように、事前に記事内容の構成を綿密に固めても、ライターが丸々どこかの記事をコピペしたり、引用元を隠したり、裏を取らなかったりといったようにウソをつかれたら、コンテンツ制作者がそれを知る術がありません。10本の記事をチェックして、もし1本でもそういう記事が発覚したら、残り9本の記事もすべて疑って調べるしかありません。

ライターがちゃんと取材したとウソをついたら、その裏をとるのはなかなか困難です。編集部や運営会社が正しい報道をしようとしても、ライターのウソ1つですべて水泡に帰すのです。私自身も新しくライターを発掘するときは少なからず失敗することがあります。では、そのような事故を防ぐにはどうすればよいのでしょうか。

品質管理　137

テストライティングで見極める

　一番多いのが、締め切りを守らないライターです。そして、次に多いのが月10本の記事作成を約束しても、結局1本しか書いてこないライター、あるいは、すぐに連絡が途絶えてしまうライターです。Webメディアの仕事に関わってからは、そういうライターに遭遇することが本当に増えました。特に初めて起用する場合は、そういったリスクが非常に高いので、見極めるには経験による直感に頼るしかありません。契約書を交わしても、毎月の執筆本数や品質まで取り決めることは少ないので、拘束力はほとんどありません。

　いい加減なライターが増えている原因はいろいろ考えられますが、次のようなことが主な理由でしょう。

1. 誰でもライターと名乗り、WebやSNSで告知できるようになった
2. クラウドソーシングのようなシステムのおかげで、質の低い記事を大量生産するニーズが増えた
3. 訓練を受けていない素人でも、ある程度ビジネスとして成立するようになった

　解決策としては、==初めて依頼するライターには、テストライティングしてもらう==のが一番でしょう。そして、何本か書いてもらって、締め切りを守ったか、ディレクションの指示通りにできているか、やりとりはスムーズにできたかなど、チェック項目を設けてテストしてみてください。そのようなテストを拒否するライターであれば、その程度だったと割り切って起用しなければよいわけです。テストライティングにしろ、本番依頼にしろ、ライターとのやりとりでまずメールの返信が早いことが最低条件です。こちらからのディレクションに対して、質問が多く出てくるライターは齟齬がないように詰めておきたいという気持ちが強いので、裏切られることはあまりないでしょう。文章が拙いことは、基本的な構成が抑えられていれば大きな障害ではありません。編集者のディレクション次第でいくらでも上手になるので、あまり心配する必要はないでしょう。そして、==最も重要なことは、必ず一度は直接会っておくこと==です。

原稿料をケチると結局高くつきます。
品質の高さは手間とコストに比例します。

4-6

情報収集

情報は、浅く広く、そして狭く深く

情報アンテナを高く張っておくことは、コンテンツ制作者の重要なミッションです。携わっている仕事の内容によって、どんな情報をキャッチアップしておくべきか、常に意識しておく必要があります。専門誌やターゲティングメディアに携わるコンテンツ制作者には、得意分野を持つ人も多くいます。しかし、コンテンツ制作者は専門家になるのが目的ではありません。したがって、仮に専門誌の編集をしていたとしても、収集すべきはその専門の情報だけではないのです。

情報収集には、広く浅く情報をインプットして引き出しを多くするという目的と、狭く深く知見を溜めて新しい切り口を探すという2つの目的があります。

この両方の視点を持ちながら情報収集することが、とても重要になってきます。それは、単に詳しい情報をユーザーに届けるという意味ではありません。収集した情報から、愛されるコンテンツを企画するためです。ここでは、愛されるコンテンツを考えるために抑えておきたい情報収集のコツを紹介します。

情報収集の3つのコツ

1 足と目と耳を駆使する

現在では、インターネットでたいていの情報を集められます。そうやって集めた情報は、誰でも簡単に見つけられるものなので、あまり価値が高くはなりません。情報自体に価値がなくても、そこから自分なりの視点を加えたり、料理をしたりすることで始めて新たな価値が生まれます。

しかし、インターネットにはない、リアルな体験に勝る価値のある情報はありません。また、人や本との出逢いや、自ら体験をすることは、インターネットでは見つからない新しい気づき、視点を必ず与えてくれます。とにかく、ふだん会う機会のない人と会うことが、価値のあるコンテンツを生む近道です。スポーツ選手、ミュージシャン、科学者、経営者、芸術家……第一線で活躍する人たちに、自分の企画次第で会って学べるのは、ほかのどんな仕事にもない、コンテンツ制作者の特権です。

情報収集　139

このように、自分の足と目と耳を駆使して情報を集めることが、新たな価値を生む最大のコツなのです。

2 遠いところから探す

あなたは料理に関するコンテンツを企画しているとします。当然、料理に関する情報を集めて、調査をするでしょう。しかし、コンテンツ企画は、ここからどんな情報を集めるかが勝負になります。料理に関して、どれだけ新鮮で新しい発見を与える企画を立てるか？ということです。

そのカギは、料理からできるだけ遠い情報を探すことです。目の前にあるものから考えてみてもよいでしょう。料理と鉛筆、料理とノートパソコン、料理とスピーカー、料理と観葉植物……といった感じで探してみてください。もし観葉植物でピンと来たら、観葉植物について徹底的に調べ、観葉植物と料理の接点を探りながら、どのように結びつけたら、おもしろい企画が立てられるかを考えます。テレビでも、映画でも、美術館でも、コンサートでも、イベントでも、最新の話題のお店でも、どこでも構いません。インターネットから抜け出して、今、あなたから最も遠いところにある情報に触れる習慣を身につけてください。

3 得意分野と結びつける

あなたが占いに詳しいとしたら、すべての企画を占いと結びつけてみます。料理と占い、旅と占い、ファッションと占い、スポーツと占い……と考えます。あなたが料理に詳しくなくても、「占い」に関しては誰にも負けないという自負があれば、必ずオリジナリティのあるコンテンツが生まれることでしょう。

『ワイアード』という雑誌で学んだこと

私自身が、自分なりの情報収集でどのようにコンテンツを考えたのか、その例を紹介します。古い話で恐縮ですが、20年近く前、私が『ワイアード』というIT系雑誌の日本語版の編集に携わったときのことです。

共通の知人を通じてお誘いをいただいたのですが、私が「コンピュータやネットには詳しくない」と懸念を伝えると、編集長から「『ワイアード』が求めているのはコンピュータおたくではない」と言われました。『ワイアード』は、インターネットをはじめ、これから訪れるIT社会を予見・考察するメディアであって、コンピュータの専門誌ではない、と。そして、『ワイアード』で、私は主に音楽、映画、文学、

140　　**4　コンテンツ制作に必要な7つの力**

漫画、ファッションなどのエンターテインメント軸でIT社会を斬っていくコンテンツの担当になりました。『ワイアード』の編集に関わって大きく変わったのは、情報の集め方でした。まず、それまでほとんど観なかったテレビを積極的に観るようになりました。テレビはエンターテインメントの王者でありながら、コンピュータやインターネットと最も縁遠いコンテンツを発信していると思ったからです。そして、書き手にはあえて硬派なジャーナリストを探し、起用するようにしていました。テレビ的な「柔」とジャーナリズム的な「硬」を融合することで起こる化学反応を期待していたからです。つまり、「軽チャー」と呼ばれるような柔らかいテーマをジャーナリスティックな切り口で深掘りし、地味で硬いITインフラや危機管理などのテーマをビジュアル面も含め、エンターテインメント性の高いストーリーに仕上げることを目指していました。

　あるいは、特集では、裏テーマとして常にアナログとデジタルの邂逅を意識していました。『ワイアード』は、デジタル時代の申し子といっていい雑誌です。やがて訪れるデジタル化社会と、それに不安と期待を抱くアナログ的思考の強いクリエイターたちが直面すると、どんな化学反応が起きるのかを見たかったのです。たとえば文学特集では、文学がデジタルコンテンツに直面するとどうなるのかを、作家の筒井康隆氏や島田雅彦氏にインタビューしたり、デジタル化の波に苦しむ老舗出版社に取材したりする一方で、米国の有名作家たちに「デジタル化によって何が変わるか」をテーマにアンケートをとったりしました。ネットが「便所の落書き」といわれていた時期、漫画家の小林よしのり氏にインターネットが包括する問題について警鐘を鳴らしてもらったこともありました。あるいは当時、画角比を変えることが可能だったハイビジョンに反対していた大島渚監督に、ハイビジョンの功罪について語ってもらったりもしました。

　「3-4　飛躍」(p.093)や「3-7　合体」(p.105)でも説明していますが、「柔」と「硬」、「デジタル」と「アナログ」という対極にある異分子同士の邂逅こそが、突然変異やUMA（未確認動物）のような未知のおもしろいコンテンツを生み出すと考えていたからです。

キュレーションメディアから新しい発想は生まれる？

　ソーシャルメディアやキュレーションメディアの台頭とスマートフォンの普及によって、かつてないほど多くの情報に効率よく接することができるようになりました。私自身、以前は仕事で必要に迫られない限り、接することのなかった情報にも接するようになりました。女性の美容や健康、ビジネスパーソン向けの自己啓発、政治、芸能などの記事に毎日触れることができます。そういう意味では、広く浅く

多くの情報を収集したいコンテンツ制作者にとっては、とても便利な時代です。

しかし、こういったキュレーションメディアのコンテンツが情報収集の中心になってくると、コピペで作られた同じようなコンテンツが氾濫することになります。つまり、メディアが違っても、掲載されているコンテンツがどこも同じという現象が生まれます。テレビのワイドショーが、毎朝どの局も同じネタを扱うのと変わらないことが起きてしまうのです。それはユーザーの望むことではありません。

真にユーザーが求める価値のあるコンテンツを制作するには、新しい切り口を発見するトレーニングが必要です。そのための情報収集が「狭く深く」なのです。

見えないものを見つける

お金をかけて取材をすれば、もちろん愛されるコンテンツは作りやすいのですが、すべての記事を取材して作るわけにはいきません。特に質より量のコンテンツが重視されがちなWebメディアでは、日々取材記事だけを配信していくのは現実的ではありません。そんな取材ができない場合でも、取材記事に匹敵する付加価値の高いコンテンツを作るにはどうすべきでしょうか？　それは事象の「舞台裏」を読み取ることです。

私は航空会社の機内誌の編集をしていた頃、「事象の舞台裏」を探るために図書館や本屋をよく利用していました。当時はまだインターネットがそんなに普及していなかったので、情報収集は主に図書館や本屋に頼るしかなかったからです。最低でも週に一度は図書館に通い、『TIME』『Newsweek』『National Geographic』など、海外の雑誌から「舞台裏」を探る勉強をし、ベタ記事からネタを集めていました（あえて旅行誌は避けていました）。

たとえば『Newsweek』で「売春をするアデリーペンギン」という囲み記事（ほんの200字程度）を見つけたときに、南極の美しい風景とそこに棲むアデリーペンギンの写真を集め、この話を膨らませた記事にしたいと考えました。そこから「アデリーペンギンの秘め事」というテーマで、南極という美しくも厳しい環境で生き残りをかけてたくましく生きるアデリーペンギンを通じて、生物学者に生態系の不思議について寄稿してもらいました。

雑誌なので、当時はソーシャルメディアのような反応は計れませんでした。それでも、読者ハガキでは、旅行雑誌のような単なる紀行記事より、このような新しい発見のある記事のほうがいつも強い反応が多くありました。

人のネットワークに勝る情報はない

　情報収集はもちろん、ライターやカメラマンなどのネットワークからも収集します。本や雑誌からは得られない貴重な生の情報は、むしろ人のネットワークから入手することほうが圧倒的に多いのです。

　たとえば、ニューヨーク在住のライターから、ニューヨークの地下鉄では毎年車内に詩集を使った広告が出されているという情報を教えてもらったときは、詩の紹介とその詩の世界を反映した写真を使った「フォト詩集」の特集を企画しました。いきなりフォト詩集だけを紹介しても、日本の読者にはピンと来ないと思ったので、ニューヨークの文学に詳しい作家に詩の翻訳と解説を寄稿してもらいました。詩はニューヨーク市交通局に掲載許可をもらい、あとはその詩集に合った写真を探すだけ。これだけで、ニューヨークで取材したのに匹敵する付加価値の高いコンテンツができたと自負しています。

　「舞台裏」を探るとは、「見たものに別の視点を与えること」であり、「見えないものを見つける」作業です。それが、すなわち「編集」だと考えています。航空会社の機内誌の編集をしながら、企画を考える上であえて旅行誌を参考にしなかったのもそのためです。

ユーザー以上の好奇心を持つ

　機内誌の編集をしていたとき、ある読者の方から記事についてクレームの電話をいただいたことがあります。私が担当した記事ではなかったのですが、担当編集者が出張中だったので、私が対応することになりました。クレームの内容は、ある記事に高山植物の写真が掲載されていたのですが、その植物の名前が記されていないというものでした。電話をされてきた方は高山植物にとても詳しいようで、せっかくの綺麗な貴重な花なのに名前が明記されてないのは非常に残念だ、と。そして電話越しに、延々とその高山植物について解説を始めました。ずっと「すみません。なるほど。貴重なお話ありがとうございます。勉強になります」と頷きながら聞いていると、今度は「うちの妻がもっと詳しいのでちょっと代わります」と、また話が続きます。そんな感じで1時間ほど、ずっと高山植物についての講義を聞くことになりました。

　電話を切った刹那、正直「ウザい読者だなあ」と思ったのですが、同時に私たち編集者が「ま、いいか」と妥協すると、読者はすぐ見抜くから油断できないなと痛

情報収集　143

感したことを覚えています。機内誌というのは、写真をメインにしたビジュアル誌ということもあって、本文にない情報を写真キャプションで詳しく書くことにもこだわっていました。しかし、たまたま綺麗な高山植物の写真を使ったものの、高山植物がテーマの記事でもなかったので、担当編集者にも油断があったのでしょう。あとから聞くと「調べたけどわからなかったから、ま、いいかと思って」ということでした。

　しかし、読者はそうではありません。クレームの電話をしてきた読者は、そこまで熱心に記事を読んでくれている顧客です。このような読者が納得して満足する記事を作らなければ、「何度も訪問して購入してくれる優良顧客」にはなってくれません。==「ウザい顧客」を満足させられなければ、「優良顧客を育み、継続的に訪問したくなる」コンテンツとはいえない==のです。逆にこのような「ウザい顧客」も納得できる記事になっていれば、「何度も訪問して購入してくれる優良顧客」を増やすことはできるのです。読者がコンテンツに求めるのは、「継続的に訪問したくなる価値のある体験」なのです。

興味のないことと、興味のあることの接点を
探してみましょう。

4-7

顧客折衝

トラブルの元となる5の要因

コンテンツ制作者にとって、クライアントや制作スタッフとの折衝は避けて通れません。予算決めからスケジュール管理、企画のすり合わせ、コンテンツ案の確認など、打ち合わせをして合意を得て、スムーズに進めるために何度も折衝を重ねなければなりません。

そんなとき、クライアントや制作スタッフとトラブルを起こしやすい人と、起こさない人がいます。トラブルを起こす、いわゆるトラベルメーカーはたいてい同じ人だったりします。私が会社員時代、ほぼすべての案件でトラブルを招くスタッフがいました。段取りがそんなに悪いわけでもないのに、なぜかいつもクライアントやスタッフを怒らせてしまうのです。トラブルの原因となる決定的なミスを犯しているわけでもないのです。一方、そのようなトラブルと無縁のスタッフもいます。

私はトラブルを起こしやすい人とトラブルを起こさない人の違いは何だろうと考えました。原因を探るべく詳細をスタッフにヒアリングすると、この両者には大きな違いが5つありました。

1 返事が遅い人と早い人

これは本書で何度もしつこく書いていることですが、与えられたタスクやメールに対する返事が遅い人は、絶対に信用されません。あらゆるトラブルの元凶です。特に決済権を持つ立場でありながら返事の遅い人は、チーム全体の士気を落とし、ムダな作業を増やします。一方、返事の早さは「すべての解決に通じる」といえるほど、ビジネスをスムーズに進めるための特効薬です。同じような対応をしていても、同じミスをしても、返事の早さによって相手に与える心象がまったく違うのです。

2 ケアレスミスが多い人と要点を簡潔に整理できる人

一見、トラブルと関係ないように思えますが、メールに誤字脱字が多い人はトラブルを招く可能性が非常に高いです。誤字脱字が直接の原因でトラブルが起こることはないのですが、ボディブローのようにダメージを与え、トラブルの火種を急速

に大きくしていきます。コンテンツ制作者は言葉を扱うことを生業にしています。その言葉のプロであるべき人が、ふだんのコミュニケーションで誤字脱字を頻発していては、信頼を得ることは困難です。

　提案書も同様です。先述のトラブルをよく起こすスタッフは、いざ企画書にまとめると、これもまた誤字脱字だらけで、ほとんど全ページに必ず1つは誤字脱字が見つかるという有様です。どんなに企画力があっても、こういう細かいところへの配慮がガサツだと、相手は不信感を募らせてしまいます。ケアレスミスは自分の書いたドキュメントの推敲を怠っている証左です。これはコンテンツ制作者としては致命的であり、クライアントも制作スタッフもそれを経験的に察知するのです。

　一方、メールの返信が早い人は、メールの内容もたいてい短く簡潔です。相手の立場になって要点をわかりやすく整理する意識が高いからです。それはメールを早く返信しようとすることで、自ずと時短の意識が強く働くようになっているからでしょう。もちろん5分毎にメールをチェックして返信をしていたら、本来の仕事に集中できません。ただ、毎日必ずどこかで「返信タイム」を定期的に設けるだけで1日のタスクはスムーズに処理できるようになります。返事が24時間以内でなく、48時間後でも定期的であれば相手は安心します。ビジネスの相手を一番苛立たせるのは、いつ返事が来るかわからないというシチュエーションなのです。

3 トラブルを予見できない人と予見できる人

　オリエンやヒアリングの段階で質問も異論も提示しない、忠実なイエスマンのコンテンツ制作者と、納得できないと代案を出して反論してくるコンテンツ制作者。あなたが発注者だとしたら、どちらのコンテンツ制作者を選びますか？

　外部のコンテンツ制作者に発注する場合、あなたが考えたことや企画したことだけでは限界があることも理由ではないでしょうか。自社都合の狭い考えに縛られ、ユーザーのことがまったく見えていない可能性もあります。そんなときに、第三者の視点でまったく違うアイデアを出してくれるのが、外部のコンテンツ制作者です。

　私の経験上、企業ソリューションの仕事をするとき、クライアントに忠実でオリエンでも指示通りに二つ返事で対応するコンテンツ制作者よりも、最初から膿出しするように、とことん疑問点・不明点・矛盾点を掘り出してくるコンテンツ制作者のほうが、あとでトラブルになりません。制作過程でトラブルを起こすのは、クライアントのリクエストに矛盾や辻褄が合わないことがあっても、疑問を持たないイエスマンです。

　イエスマンがトラブルを起こしやすいのは、起こり得そうなトラブルをあらかじめ想定せず、課題解決の意識が希薄、もしくはまったくないからです。トラブル回避の意識の高い人は、事前に起き得ることを想定し、そのときの対処法の準備をし

ます。これができない人は行き当たりばったりの対応で、燃え盛る火に油を注ぐこ
とになるのです。

4 感情的になってしまう人と冷静で論理的な人

　クライアントやスタッフの怠慢やミスで起こるトラブルも、少なからずあります。
しかし、そこで感情的になると水掛け論になって、火に油を注ぐことになります。
相手に怒っていることを匂わせても決して解決には向かいません。特にメールでの
文言は細かいニュアンスが伝わりにくいので、トラブルが起きそうなときは必ず電
話をするか、テレビ会議をするか、直接会いに行って話し合うようにしましょう。
　私の知り合いでよくミスをしてクライアントと揉めそうになる常習者がいるので
すが、いつも彼は電話を駆使することで、トラブルの火種をギリギリのところで消
して乗り越えています。それほど直接対話はトラブル回避に効果を発揮します。と
きどきFacebookやTwitterなどのソーシャルメディアで、仕事のグチをこぼす人
を見かけます。あれは何の解決にもならないし、下手をすると進行中の案件内容が
公になって、守秘義務に違反する恐れもあるので、絶対に避けましょう。

5 正論をぶつける人と遠回しに妥協点を見出す人

　1〜4は、経験を積んで適切な指導を受けることで、ある程度克服していけるの
ですが、5については、むしろリーダークラスのベテランになってから違いが顕著
になってきます。正論をぶつける人は、相手がミスした場合、徹底的にそのミスの
原因を追求し、解決策を探ろうとします。段取りもよく、企画力も申し分なし。自
分でも自信があるから、決して引かない。こういう人は経験も豊富で、決して感情
的にはならず理路整然と語るのですが、それでもたびたび相手の感情を損ねてしま
います。コンテンツをよいものにしたいという目的は両者とも同じはずです。しかし、
正論をぶつけて揉める人は、たいていコンテンツの行方より、自分の正当性だけを
主張してしまうのです。
　一方、遠回しに妥協点を見出す人は、「雨降って地固まる」を言葉通りに体現し
ます。かつて私の直属の部下だったリーダーの女性は、部下がいったんトラブルを
起こすと、トラブルの火消し役としていつも大活躍をしていました。なぜ彼女は火
消し役としてそれほど活躍できたのでしょうか？　もちろん、ふだんの仕事ぶりか
らクライアントの信頼を得ていることもあるのですが、むしろトラブルが起きたと
きに登場すると、クライアントから感謝されることすらあるのです。

火消し役は正論を主張しない

　遠回しに妥協点を見出す人は、たとえクライアントのミスでこじれたプロジェクトでも、まず全面的に自分たちの非を認め（実際にはこちらのミスではないときでも）、相手が感情的になって振り上げた拳を降ろさせます。そして、折衝の席ではいつも笑顔です。どんなに厳しい局面でも笑顔を絶やしません。そして徹底的に聞き役に回ります。やがて相手の高ぶった感情が収まってきた頃を見計らって、解決策になりそうな道を探り、いくつかの選択肢を提示します。

　これで、だいたいのトラブルは収束に向かいます。そしてクライアントに「○○さんの顔に免じて水に流しましょう」と言わせるのです。そして、新たな案件が発生した折には、「○○さんにお願いしたい」と指名を受けたりするのです。目的はトラブルの回避と収拾です。正論をぶちまけて正当性を主張しても、決して解決には向かわないのです。

自分がされてうれしいことを相手にしてあげましょう。
だって人間だもの。

Interview

コンテンツ侍に訊く！
清田いちる
―信用されなければ、人もお金も集まらない

清田いちる（きよたいちる）
ニフティで12年間勤めた後、フリーランスに。『ギズモード・ジャパン』のゲスト編集長、Six Apartのメディア担当シニアディレクターなど、ネット系のディレクション、編集を手がける。現在は『ShortNote』運営、『ギズモード・ジャパン』長老として活躍。ダンサーでもあり、最近は子供向けにダンス教室も再開。個人ブログは『小鳥ピヨピヨ』。

　あれは2003年でした。いちる氏は、ニフティが始めたブログサービス「ココログ」の担当プロデューサーでした。当時から、すでに『小鳥ピヨピヨ』として名を馳せていたアルファブロガーだったので、ご存知の方も多いかもしれません。私は「ココログ」のプロモーションサイトのお手伝いをしていたのですが、課せられたミッションは「ココログ」を普及させるために、著名人に「ココログ」でブログを書いてもらうことでした。いちる氏から与えられた特命が「アイドルに書かせる！　ただし、『あれ食べた』『仕事楽しかった』というつまらない日記しか書けないアイドルではダメ。ちゃんとコンテクスト（文脈）を持ったアイドル」という、何とも高いハードルでした。

　そして、キラーコンテンツとして見つけたのが、「4-4キャスティング」（p.133）でも触れた眞鍋かをりさんでした。きっと「高いコンテンツ力を持ってるに違いない！」と確信し、さっそくいちる氏に提案をしました。いちる氏は喜んでくれたのですが、社内での反応がいまいちよくない。「え～！　今さら？　もう終わってる人じゃん」とか何とか。しかし、それを強引に押し通してくれたのも、彗眼の士いちる氏でした。

　そして、眞鍋かをりさんのブログに火が着くのに時間はかかりませんでした。数カ月であっという間に「ブログの女王」の称号を得るまでに大人気となり、「ブログ＝ココログ」というブランディングにも成功しました。いちる氏の「コンテンツ力のあるアイドル」という特命と社内でのゴリ押し調整がなければ、現在の眞鍋かをりさんの地位もなかったでしょう。

　それから数年後。今度は、私の元ボスである小林弘人氏が米国のガジェットメディア『GIZMODO』を日本で立ち上げることになったとき、ゲスト編集長として招聘したのが、いちる氏でした。『ココログ』というブログサービスを成功させた実績を持つ いちる氏に、今度は海外で人気だったブログメディアのローカライズを一任したのです。いちる氏はアルファブロガーとしての人気も高く、ネットユーザーの嗜好や特性を肌感覚でつかんでいる人だったのも、白羽の矢が立った大きな理由の1つです。

コンテンツ侍に訊く！　149

そして、いちる氏が『ギズモード・ジャパン』の立ち上げにおいて、最初に決めたのがメディアのキャラクター設定でした。米国の『GIZMODO』がジャーナリズム色が強く、ややアグレッシブなメディアだったのに対して、「日本の文化には馴染まない」ということで、掲げたのが「弱キャラ」でした。具体的には、「怒らない」「(強くは)主張しない」「中立」「ケンカしない」「温和」「謙虚」といった感じ。弱いくせに、後ずさりしながらネチネチ嫌味を言っている人。いますよね、そういう人。その後、『ギズモード・ジャパン』はターゲティングメディアの雄として、今もWebメディアの最先端を走っていることは、周知の通りです。

いちる氏は、彼の肩書きが示すように何者か不明瞭です。というか、1つの肩書に収まらない自由奔放な思想と遊び心に満ちたコンテンツクリエイターであり、ネット界隈を常にざわつかせるのが上手な真のコンテンツマーケターといえるでしょう。

5年間、ずっと「辞める」って言ってました(笑)

——今の仕事に就いたきっかけは、何でしょう？

本当はダンサーになりたかったんです(笑)。ただ就職氷河期の中、このままダンサーとして生きていくべきか、ダンスは趣味にしておくか悩んだんですよね。結局、メディアを通してダンサーコミュニティに貢献できるかなと考え、メディア業界で生きていこうと考え直しました。

就活はメディア企業を中心に周り、最終的にニフティに就職しました。新しいメディアのほうが何か新しいことができそうかな、と。ニフティに集まっている人は、みんな目がキラキラしていました。それを見て、おもしろいところなんだろうな、そのキラキラした波を自分も浴びたいなと思ったんです。

当時は、インターネットがちょうど広まりつつある頃でした。ただ、企画をやりたくて就職したのに、カスタマーサービスに配属されたのでかなりショックでした。5年間ずっと毎日「辞める」って言っていましたね(笑)。サッカーでいえばフォワードをやりたいのにゴールキーパーをやらされてしまった感じですから。5年経ったら異動させるからと説得され続けて、そのまま5年経ちました。

——5年経って念願の企画部に異動して、どんなことをやられたのでしょうか？

新規サービスの企画ばかりです。最初は短編映画を募集して紹介するサイトをやっていました。会社はパソコン通信※1が事業の軸だったので、インターネットでどういうビジネスをしていくかは、まだ試行錯誤でしたね。これからは動画が来る

だろうと考えて、動画を見たい人、作りたい人を集めるサイトでした。手動YouTubeというか。表に出ていないクリエイターを発掘して、そのままコンテンツにしていくという構想でしたが、早すぎましたね（笑）。

ブログを自分でやってみて、そのパワーを実感した

──2003年にブログサービス『ココログ』[※2]が始まりました。

　雑誌『WIRED』[※3]で「バーカウンターでクソブロガー野郎と出会った」という記事を読んだんです。「こいつらはHTMLすらまとも書けないのにネットで情報発信している。チャラいこと言いやがって腹立つ」。そんな内容のコラムでした。それで「HTMLが書けなくても情報発信ができるっていいな」って思ったのが始まりですね。そんな時期に社内のほかの部署からも「ブログってどう？」という話が出てきて、考えが似ている人たちで集まってスタートしました。

　ニフティがブログをやるなら対象は一般人。当時はまだ、ブログは業界のプロが使うようなハードルが高い印象があったので、ニフティのブログは、戦略的に「誰でも気軽にできるんだよ」という空気でいこうと決めました。それと、まだ多くの人が「ブログ」という言葉すら知らない時期だったので、まずブログというものを世間に知ってもらわなきゃいけない、その上で「ブログ＝ココログ」になればいいなと考えました。『ココログ』が始まるまで数カ月ほど時間があったので、「誰でも気軽に書ける」サンプルとして実験的に始めたのが僕の個人ブログ『小鳥ピヨピヨ』[※4]でした。だから、『ココログ』がある程度軌道に乗ったら『小鳥ピヨピヨ』は辞める予定だったんです。でも、途中でブログを書くこと自体がおもしろくなってしまって、今も続けています（笑）。個人の一記事がバズることの破壊力って、やる前は実際には想像できてなかったですね。ブログを自分でやってみて、改めてそのパワーを実感しました。

※1　**パソコン通信**：インターネットとは違い、パソコンとサーバを通信回線（電話回線）で接続して、データ通信を行うサービス。基本的に、会員のみでのやり取りしかできないサービス。ニフティは、商用パソコン通信の最大手だった。
※2　**ココログ**：ブログの黎明期である2003年12月にサービスを開始した老舗のブログサービス。
※3　**WIRED**：1993年にアメリカで創刊。ビジネス、インターネット、ジャーナリズム、カルチャーなど。イギリス、イタリア、ドイツ、日本の4カ国でそれぞれ発行・発売されている。
※4　**小鳥ピヨピヨ**：清田氏が運営する日常で起きたささやかな出来事を綴る個人ブログ。アルファブロガーの先駆けとして多くのブロガーに多大な影響を与えた。http://kotoripiyopiyo.com/

——『ココログ』によるブログの普及も成功して、一番勢いに乗っているときに会社を辞めていますね。

　入社した日にもう辞めようと思っていたんですけどね(笑)。会社に何も貢献しないで辞めたくないなという気持ちもありました。なんだかんだ12年間もいましたし、『ココログ』をやって、あーこれで少しは貢献できたかなと思って。辞めたのは、大きな組織の交換可能な歯車の1つではなく、個人として仕事をしたかったから。それぐらいの軽い気持ちでした。

——実際、フリーとして活動を始めていかがでしたか？

　『小鳥ピヨピヨ』が全盛期だったので、アフィリエイトで一応生活できる感じにはなっていました。『ギズモード・ジャパン』[※5]は辞めてから数カ月後にお話をいただきました。でもメディアの編集なんてやったことはないし、人に教えるほどガジェットに詳しいわけでもない。成功する予感は全然しませんでした。

　試しにアメリカの『GIZMODO』を読んでみたらおもしろかったのですが、このまま日本に持ってきても失敗するなと思いました。当時『CNET Japan』などの翻訳系ニュースサイトを読んで、おもしろいのに英語風の文体が読みづらくてもったいないとも感じていました。だから『ギズモード・ジャパン』は翻訳はせず、日本のネット文化に合わせてゼロから新しく書き直したらウケるかなというイメージは浮かんできました。そこで、「半年だけやってみます。半年経って100万PV集まらなかったら辞めます」って条件をつけて、引き受けました。

今は編集者がすごく大事な時代

——半年で100万PVは軽くクリアし、数年であっという間に数千万PVの日本を代表するガジェットメディアになりましたね。編集は未経験だったということでしたが、やってみてどうでしたか？

　『ギズモード・ジャパン』の初期は、おもしろいネタをピックアップしてきて、それについて、どこがどのようにおもしろいかという切り口を解説することだけに全部の時間を使っていました。数は1日20本くらい。その程度であれば読む側も負担なく楽しめます。

でも、最近はメディアが増えすぎて、作り手も読み手も消化しきれないですよね。『SmartNews』※6 とかのキュレーションメディアの力を借りないと記事にたどり着けないんです。「毎日20記事更新してます」っていったって「わー、それいいな！見に行きたいな！」って誰も思わないですよね。むしろ「面倒くさい。3記事くらいに厳選してくれる？」のほうが実態じゃないかと。

だからこそ、今は編集者がすごく大事な時代になってきたと思うんですよ。ネットの情報に質の高さが求められるようになってきています。質の高い企画、質の高い情報、質の高い写真、質の高い文章というだけではありません。それ以上に著作権や法令を遵守するとか、そういう知識も含めたスキルが求められてきています。あと、取材対象やライターときちんとコミュニケーションがとれること。これまでのWebメディアは、雑誌の編集者やテレビのディレクターのようなスキルがなくても通用してきました。今はネット市場が大きく精密になってきたので、編集者のスキルが求められる時代にきたと思います。

ユーザーもコピペ記事には飽き飽きしている

──コストをかけていいものを作るより、二次情報を大量生産するほうが儲かるという状況はいずれ淘汰されますか？

Googleも当然気づいているし、どんどん検索に反映させていくでしょう。このままだとユーザーもそういうコピペ記事に飽き飽きして「Googleを使うの辞めた、別の手段で探すわ」ってなってくるかもしれません。

盗作記事やコピペ記事を大量生産して検索結果で上位を取っても、それはあまり意味がありません。PVは集まるかもしれませんが、ブランド力は高まりません。最終的にネットの世界は信用経済なので、ブランド力がないと、どんなにアクセスを集めても長期的かつ継続的なマネタイズの基盤にはなり得ないと思うんですね。

逆に信用があれば、そんなにアクセス数がなくても、マネタイズは可能だと思います。ちょっと前までは「アクセス数＝信用」で評価できた時代もありましたけど、今は単純に「アクセス数＝信用」で結びつけることもできません。それよりも、自分の考えやセンスや視点、想い、言葉など、オリジナルのものを出していったほう

※5　**ギズモード・ジャパン**：「日常的な家電から未来都市、そして最先端のサイエンスからよりすぐれたスマートデザインまで」を扱うテクノロジー情報サイト。http://www.gizmodo.jp/
※6　**SmartNews**：さまざまなニュースメディアと連携し、エンタメ、グルメ、スポーツ、政治経済、国際情勢、動画などのニュースを配信するスマートフォン向けアプリ。オフラインでも購読できるのが特長。

がおもしろいです。あるいは、きっちり取材する、あるいは友達みたいに接する、とか。これ、どれも信用に繋がることだと思うんです。

「どこかの情報を適当に引っ張ってきて繋げたコンテンツのほうがおもしろくて信用できる！　最高！」とはなりません。そこにアクセスは集まるかもしれないけど、決して信用は生まれません。「信用なんていらない。とにかく広告をクリックしてもらえればいいよ」という考えもあるけど、バナー広告やアフィリエイトは単価が安いので、アホみたいにページを量産しないとペイしません。アホみたいにページを作るためにはどこかから盗んでくるしかなくて、そこには必ず権利上のトラブルみたいなものが発生します。それでも、たとえば3年で10億円儲けて逃げ切ると決めてサイトを運営するんだったら、それをダメとは言わないけど、「君の人生、それでいいのか？」って言いたくはなりますよね（笑）。「いったい君はどの世界にどう貢献しているの？　何も貢献してないのに生きている意味があるの？」って（笑）。

アルゴリズムでページを自動生成してアルバイトに微調整させて、SEOをして、検索順位を上げて、そこからアフィリエイト収入で儲けるのを、はたしてビジネスと呼ぶのか、と。健全な企業がやることじゃないですよ。社会に貢献してないし。

『SmartNews』や『Yahoo！JAPAN』にコンテンツを提供するための装置と割り切っているんだったら毎日100記事でも作ればいいけど、自社のブランドを考えたときには、質が高いほうが継続的に人は来てくれます。コンテンツが少なくても、

いくつかの記事には時間をかけてもいいのかなって思います。たとえば、「iPhone 7がどうの」って記事は星の数ほどたくさん出るでしょう。

いろいろな切り口をまとめて出せば、それなりの価値が出てくるかもしれませんが、複数人がそれをやっただけでアッという間に価値は薄れます。だったら自分で調べたり考えたりして、ネットに出したほうが価値

はあるし、自分なりの満足感もあるでしょう。コストをかけたコンテンツが作れることを証明することができたら、広告主も集まってくるハズです。たとえば、自動車の会社が「ウチの自動車をユニークな切り口で紹介したい」と考えたときに、そういうコンテンツを作れる人たちのところに仕事がたくさんくるようになります。バーグハンバーグバーグ[※7]とかヨッピーさん[※8]とか、すでに実証してますよね。あるいは、「○○レポート」とか、非常に特別なコンテンツを作って有料で出すこともできるかもしれません。そういうことができるのは、やはり素人ではなくて、プロ

の編集者やディレクターなんです。取材のアポを取る技術とか、情報の切り口やまとめ方を考えるとか……そういう人たちがネットのコンテクスト（文脈）に合わせることができたら、これからネットのコンテンツは数勝負ではなく質勝負になっていくだろうと思います。

上手にやろうとするな、素直にやれ

──今後、ご自身はどんなことに挑戦してみたいと考えていますか？

最近ネットの記事を「読む」のが面倒くさいなと感じている人も多いだろうと思うので、動画メディアは伸び代があるだろうなと思っています。そういう形を模索できるタイミングとチャンスがあったらやってみたいなとは思いますね。あとは、VR[9]、AR[10]、MR[11]。そこでできることは、たくさんあるだろうなって。

それと、おもしろいことを伝えられる素人をもっと素早く表舞台に出すような仕組みを作っていきたいなと思っています。

──コンテンツを作って発信している人に向けてアドバイスをお願いします。

最近自分に言い聞かせているのは、「上手にやろうとするな、素直にやれ」なので、その言葉をアドバイスとして贈りたいと思います。上手にやろうとするとノウハウ情報を集め過ぎちゃうし、テクニック的なことばかり考えちゃって、結局よいものが出せなくなるんです。特に、慣れて認められてくると、どんどん技巧に走っちゃう。で、自滅していく（笑）。そして皮肉なことに、ネットのおもしろいものって、「素直」な要素がそこにあるときなんです。

たとえば『デイリーポータルZ』[12]って、自分たちがおもしろいと思ったことをやって、あれだけの信用を得ています。『ほぼ日刊イトイ新聞』[13]も、自分たちがよいと思ったコンテンツを出して、信用が成り立った上で、自分たちがよいと思う商品

※7　**バーグハンバーグバーグ**：おもしろコンテンツの制作を得意とするWeb制作会社。オウンドメディア『オモコロ』（http://omocoro.jp/about）を運営している。http://bhb.co.jp/
※8　**ヨッピーさん**：『デイリーポータルZ』『オモコロ』『全力コラボニュース』などで活躍しているフリーのWebライター。http://yoppymodel.hatenablog.com/
※9　**VR**：バーチャルリアリティ（Virtual Reality）の略で仮想現実と訳される。仮想世界に人の動きを反映させて、現実ではないが現実のように感じさせる技術を指す。
※10　**AR**：アグメンティッドリアリティ（Augmented Reality）の略で、拡張現実と訳される。人が知覚する現実環境をコンピュータにより拡張する技術、およびコンピュータにより拡張された現実環境自体を指す。
※11　**MR**：ミクストリアリティ（Mixed Reality）の略で、複合現実感と訳される。現実空間と仮想空間を混合し、現実のモノと仮想的なモノがリアルタイムで影響しあう新たな空間を構築する技術全般を指す。

を開発して、すでに信用があるコンテンツというか、ストーリーと共に販売しているといってもよいかもしれません。その基盤として、自分たちがおもしろいと思ったものを素直に出しているということがあるのだと思います。

　僕の言葉は、「ウェルはよくない、オネストに書け」っていうブローディガン[14]の言葉を借りたものなんですけど、ネット文脈に近いと思っています。もちろんクオリティは上げたほうがいいし、こねくり回してもいいんです。ただ「これ、おいしい！」という素直な表現ができなくなって、「味は〜、成分は〜」と理屈で説明しはじめたら、本末転倒ですからね。

---

[12]　**デイリーポータルZ**：ニフティが運営する毎日更新の人気サイト。編集長は林雄司氏。おもしろいだけでなく、たまにお役立ち情報も。常に意表をつくオルタナティブな展開が独特の世界観を構築している。http://portal.nifty.com/

[13]　**ほぼ日刊イトイ新聞**：糸井重里が主宰するWebサイト。「ほぼ日」と略される。1998年創刊以来、一日も休まず更新。60万部を売り上げる「ほぼ日手帳」などのグッズも発売。http://portal.nifty.com/

[14]　**ブローディガン**：リチャード・ブローティガン。アメリカの作家。『アメリカの鱒釣り』によって一躍ビートジェネレーションを代表する作家となる。「ウェルはよくない、オネストに書け」は、「三作目を書いている」という村上龍に言った言葉。（村上龍と村上春樹の対談集『ウォーク・ドント・ラン 村上龍VS村上春樹』（講談社）、p.51）

Chapter 5
読まれる文章には理由がある

文章を無意識に書いていると、必ず陥るワナがあります。逆に、そのワナさえ避けて通れば、自然と「読まれる文章」になります。本章では、読まれる文章を書くための7つの基本ルールを紹介します。「習うより慣れろ」です。

5-1

比喩はコンテンツに彩りを添え、理解を深める

ガンジーもアインシュタインも比喩の達人だった

　比喩には、難しい話や論理的な説明を直感的にわかりやすくする効果があります。
　歴史的な偉人たちには比喩の達人が多くいます。ガンジーは、「暴力は水に似ていて、はけ口があれば、そこから大変な勢いで流れ出ていきます」[1]「目の見えない人に生き生きとした景色を楽しんで。と言うことができないように、臆病者に非暴力を説くことはできません」[2]など、非暴力不服従を貫いた人物らしい言葉を多く残しています。その言葉の背景に彼の生き様と偉業があるからこそ、私たちはガンジーの言葉に心を動かされ、記憶に留めます。
　アインシュタインは、一般相対性理論について「熱いストーブの上に1分間手を当ててみてください、まるで1時間に感じられるでしょう。ところが、かわいい女の子といっしょに1時間座っていても、1分間くらいにしか感じられません。それが、相対性というものです」[3]と、たとえ話を使って説明しています。アインシュタインのこのたとえ話は、一般相対性理論の「状況が変われば時間の長さも変わる」という本質を、誰もが具体的に経験があるストーブの熱さや恋愛にたとえることで、やさしく伝え、理解を深める手助けをしています。
　2016年の米国の大統領選でヒラリー・クリントン陣営が謳ったスローガン「Love Trumps Hate」(愛は憎しみを打ち負かす)も比喩を上手に使った例です。差別的発言で憎しみを煽ったトランプ(Trump)陣営に対して皮肉を込めたたとえで、選挙終了後、レディー・ガガがトランプタワーの前でこのプラカードを持って「Love Trumps Hate」と叫んだのは記憶に新しいところです。
　役所の書類のようなまわりくどく、無味乾燥な文章では誰にも読んでもらえないし、誰にも伝わりません。特にBtoBでは専門用語やカタカナを多く使わざるを得ないこともあるので、ときおり比喩を入れるといった工夫をして、文章に彩りを添えることをオススメします。

---

[1] 『ガンディーの言葉』(マハトマ・ガンディー 著、鳥居千代香 訳／岩波書店／ISBN978-4-00-500678-6)、p.80
[2] 同、p.83
[3] 『アインシュタイン150の言葉』(ジェリー・メイヤー＆ジョン・P・ホームズ 著／ディスカバー・トゥエンティワン／ISBN978-4-924751-58-3)、p.61

村上春樹の比喩

　近年は毎年のようにノーベル文学賞の候補に名前が挙がる作家・村上春樹氏ですが、彼は比喩の達人としても知られます。一度でも読んだことのある方なら、多様な比喩があちこちにちりばめられていることはご存知でしょう。そんな彼の作品から、特に印象に残る比喩をいくつか紹介しましょう。

「だからといってわたしのことを嫌いになったりしないでね」とすみれは言った。彼女の声はジャン・リュック・ゴダールの古い白黒映画の台詞みたいに、ぼくの意識のフレームの外から聞こえてきた。
出典：『スプートニクの恋人』[4]

　ジャン＝リュック・ゴダールの初期の作品を知る方なら、すぐピンとくる比喩だと思います。彼女の声が、いかにも誰もいないところでつぶやく独り言のようであるかが伝わってきます。そんな言葉に「ぼく」は自身の心に響いてこないことを「意識のフレームの外」という比喩で表しています。これをふつうに「彼女はまるで独り言のように淡々とした調子で言った」という表現では、印象には残らないでしょう。

若くて美しい女が太っているというのは、何かしら奇妙なものだった。私は彼女のうしろを歩きながら、彼女の首や腕や脚をずっと眺めていた。彼女の体には、まるで夜のあいだに大量の無音の雪が降ったみたいに、たっぷりと肉がついていた。
出典：『世界の終わりとハードボイルド・ワンダーランド』[5]

　主人公の「私」を案内をする太った女性を表現するのに「夜」と「雪」を比喩に使っています。この2つの単語に、あなたはどんな印象を抱くでしょうか。「静寂」「美しい」「冷たい」「寒い」「新鮮」「無垢」「汚れのない」といったイメージが浮かぶのではないでしょうか。まず、「私」がいる場所が音のない奇妙なビルの中であり、「私」は

※4　『スプートニクの恋人』(村上春樹 著／講談社／ISBN978-4-06-209657-7)、p.95
※5　『世界の終わりとハードボイルド・ワンダーランド』(村上春樹 著／新潮社／ISBN4-10-600644-8)、p.18

比喩はコンテンツに彩りを添え、理解を深める　　159

自分の咳払いにすら違和感を覚える静寂の空間に身を置いています。そして、「若くて美しくて太った女」は、静かでまったく声を発しません。また、「私」は「若くて美しくて太った女」といることに混乱するとも言っています。そして、その太り方にも種類がいろいろあって、女の太り方が「私好み」であるとも語っています。

ここで使われている「夜」と「雪」は、まさにそんな「静寂」の象徴であり、「私」の「若くて美しくて太った女」に対する愛憎の交錯する複雑な感情を言い表しているようでもあります。

このように巧みに表現された比喩は、読者にさまざまな想像を膨らませる役割を果たし、いつまでも記憶に残る強い印象を与えます。

「穴を埋める為の文章を提供してるだけのことです。何でもいいんです。字が書いてあればいいんです。でも誰かが書かなくてはならない。で、僕が書いてるんです。雪かきと同じです。文化的雪かき」
出典：『ダンス・ダンス・ダンス』※6

この本は、ちょうど私が小さなPR会社で働いていた頃に読んだので、とても印象に残っています。コンテンツ制作に携わっている方なら、強く共感を覚えるに違いありません。「文化的雪かき」という言葉は、私が勤めていた会社でも流行語のようにみんなが使っていました。

『ダンス・ダンス・ダンス』が刊行された1988年は、まだインターネットも普及しておらず、企業のプロモーションはPR誌・広報誌・会社案内などの紙媒体が主流でした。当時、「ユーザーファースト」のような考えがなかったわけではありませんが、実際にそれが誌面に反映されることはほとんどなかったように思います。私も企業のPR誌を制作する中で、「こんなの企業の自己満足で、誰も読まねーよなあ」と、自虐的心理が働くことも少なくありませんでした。

今では「ユーザーファースト」は当たり前の考え方として浸透していますが、逆にインターネットの普及に伴って、記事の大量生産による「穴埋め」現象も起きています。一方的な企業都合の情報はユーザーに届かないという理解は深まってきてはいるものの、愛のないコンテンツの「穴埋め」は、今日まで連綿と引き継がれているのです。

※6　『ダンス・ダンス・ダンス（上）』（村上春樹 著／講談社／ISBN4-06-204122-7）、p.332

誰かの役に立っているかもしれないけど、役に立っていないかもしれない。でも必要な作業と割り切るしかない。「文化的雪かき」は、マイナスをゼロに戻すような作業だけど、やり遂げた充実感もあるという仕事の特長を、とてもうまく表した比喩だといえます。

　このように、ユーザーの日常生活に根づいた身近な比喩は、コンテンツに彩りを添え、想像を膨らませ、理解を深めるための上質なスパイスなのです。

比喩は、ここぞというときに効果的に使いましょう。
乱用すると効果は半減します。

5-2

美辞麗句は醜い厚化粧？

美辞麗句ほど伝わらない言葉はない

　美辞麗句を辞書で調べると「立派らしく聞こえる文句。美しく見える字句」と説明されています。企業サイトは、この美辞麗句に埋め尽くされていることがあります。美辞麗句は抽象的で広義な意味しか持たないため、企業にとっては広く解釈できる便利な言葉なのです。裏返せば、ユーザーにはまったく響かない、心に残らない言葉ということでもあるのです。

　美辞麗句は具体性に乏しいため、あなたの「顔」が見えてきません。競合他社のサイトに当てはめてみても、違和感なく使えることでしょう。たとえば、あなたがはちみつシャンプーを売るとして、「美しい髪」「しなやかな髪」「艶とコシを与える」「いい香り」といったキャッチフレーズを使っても、ユーザーの心に響くことはまずありえません。なぜなら、このようなありふれた形容詞や修飾語を使っても、ユーザーにはあなたの「顔」も見えないし、その言葉から商品のイメージを浮かべることもできないからです。したがって、自社商品の特長を正確に伝えられる具体的な事実や、利用イメージを浮かべられるような言葉を使う必要があります。はちみつシャンプーの特長を謳うのであれば、「はちみつ含有率20％は世界一」とか「天然成分100％は、このはちみつシャンプーだけ」「はちみつ効果で、かつてない艶とコシを！」というように、できるだけ具体的なメリットを伝えなければなりません。

　もう少し例を見てみましょう。

> 私たちは独自の戦略とアジャイルな実行力で確実な成果を探求します。
> 高度な戦略と確かな品質管理で、貴社にご満足いただけるソリューションをご提供します。

　まさに「立派らしく聞こえる文句。美しく見える字句」です。この会社がどんな事業をしていて、どんなターゲットを顧客に想定しているかわかるでしょうか。まったくわかりませんね。

「独自の戦略」とは何か？

「アジャイルな実行力」とは何か？

「高度な戦略」とは何か？

「確かな品質管理」とは何か？

　本来は、この「何か？」を伝えなければいけないのです。しかし、このような美辞麗句を並べている企業は意外と多いのです。事業もターゲットも見えないキャッチコピーには何の意味もありません。これらのキャッチコピーを競合他社のサイトに当てはめてみてください。きっとどんな会社にも当てはまることでしょう。経営コンサル会社にも、Web制作会社にも、工具メーカーにも使えそうです。

　このような具体性のない美辞麗句を並べても、本来伝えたいメッセージは、課題を抱えるユーザーに届かないのです。また、表層的な言葉の羅列は、何も具体的なことをいってないため、まったく説得力もありません。

気持ちよさもいろいろ

　ただ「すごく気持ちいい」と言っただけでは、どんな気持ちよさなのかまったく想像ができません。それが居眠りのような気持ちよさなのか、セックスのような気持ちよさなのか、森林浴をしているときの気持ちよさなのか、お風呂に浸かっているときの気持ちよさなのか……。

　たとえば、入浴剤の気持ちよさを伝えるとしましょう。

目にやさしく美しい森林とすがすがしい新鮮な空気に包まれた極上の温泉。
自宅のお風呂で毎日そんな気持ちよさを体験してみませんか？

　一見、入浴剤の魅力を伝えているので、問題なさそうです。しかし、このコピーには、その入浴剤ならではの特長や独自性がまったく訴求できていません。きっと競合他社の入浴剤にも適用できるはずです。

　では、次のように言い換えてみましょう。

> 冷え症と腰痛持ちの人に人気の○○温泉の成分がそのまま。
> 深い緑と新鮮な空気に包まれた名湯体験を自宅でどうぞ！

　「冷えと腰の痛みに悩む」ターゲットが見えてきました。また具体的な温泉名が出てくることで、その温泉の説明によって入浴剤の特長も見えてきます。
　美辞麗句は素顔を隠す厚化粧のようなものです。厚く塗れば塗るほど素顔が見えなくなって、ターゲットは不信感と不安を覚え、遠ざかっていくのです。

> ユーザーが知りたいのはあなたの素顔です。
> 素朴で実直な言葉で伝えましょう。

5-3

タイトルは寸止めで

「結→承→転→結」で攻めよう

　記事が読まれるか、読まれないかの8割はタイトルで決まるといっても大袈裟ではありません。キュレーションメディアやスマートフォンの普及によって、その傾向はますます顕著になってきています。それゆえタイトルには、本文以上に労力を注がなければなりません。情報過多の現在では、一瞬で判断して読んでもらうためのタイトルが求められます。ただし、本文がタイトル負けしてしまっては本末転倒であり、タイトルと本文は常に表裏一体で考えるべきです。

　その場合に意識したいのが「結」から入ることです。「結」とは、記事の一番おもしろいポイント、最も訴えたいポイントのことです。タイトルだけでなく、本文も国語で習うような「起承転結」は不要です。「結承転結」くらいでよいでしょう。ユーザーはタイムラインに次々と流れてくる情報をチェックするとき、起（前置き）からじっくり読んではくれません。ただし、ここで重要なのは、最初のオチ（結）は、あくまでも「寸止め」にすることです。クライマックスに行く寸前で止めて、もう少し先に進みたい！　続きが読みたい！と誘導するのです。そして、コンテンツ自体に読者が期待しているオチを用意しておくわけです。それがなければただの釣りタイトルになってしまい、読者の不信感を招き、逆に二度と訪問してくれなくなります。

困ったときの6つの型

　ただ「寸止め」にするといっても、やはりタイトル作りは難しいものです。そんなときは、タイトルを6つの型に当てはめて考えると作りやすくなります。ユーザーの注意を惹くタイトルを漠然と考えようとしても、キリがなく迷走しがちです。すぐに思い浮かばないときには、次の6つの型に当てはめて考えてみましょう。

1 直球型

　読者に対してストレートにメッセージを投げかけます。一見シンプルで地味な手法ですが、ヘタな小細工をしたタイトルより、当たればずっしりハートに響きます。

タイトル作りの基本なので、まず直球を磨くことを心がけましょう。理想は大谷翔平投手ばりの豪速球ですが、キレ(刺さる言葉)があれば効果は十分発揮できます。

2 あまのじゃく型

少し遠まわしに攻めます。直球で回答しているようで、実はさらりとかわして、さらなる疑問を促します。読者に焦らしと好奇心を誘うように「?」(疑問符)をつけるのがコツです。その場合は、本文中でその疑問の回答を明記しなければいけません。ダウンタウンの松本人志さんほど粋なひねりは無理だとしても、彼のようなボケを意識してみるとよいでしょう。

3 ハウツー型

いわゆる「〜の方法」「〜のTIPS」「〜5つの秘技」といったやり方で興味を惹くものです。楽して得をしたい、楽して知りたい、楽して学びたい、楽して身につけたい……と常に楽をして即効性を求める読者には効果的です。

Webメディアに限らず、書籍でも自己啓発本などは、ほとんどがこのハウツー型のタイトルです。ただし、タイトルにつられて実際に読むと肩透かしに遭う内容が薄いものも多く、読者はやや食傷気味の恐れはあります。本文の内容がおざなりの薄っぺらな記事になると、読者離れも早いので気をつけましょう。タイトル倒れにならないためにも、本文においても、ジャパネットたかたの高田明さんのような演出力と説得力のある言葉のセンスを磨けば鬼に金棒でしょう。

4 疑問型 (対話型)

読者に問いかけるような見出しです。読み手が共感できて、つい答えを探したり、自分なりの答えを思い浮かべたりしながら、本文で回答を見つけたくなるようなタイトルです。当然、本文にはタイトルに対する答えを用意しておく必要があります。

また、疑問符とセットで回答を明記するとより効果があります。ただし、タイトルでネタバレにしてしまうと読まれなくなる恐れもあるので、「疑問→回答」の間「→」に、なぜそのような回答になるのかという「?」を残しておくと、より効果的です。池上彰さんのように「おや? まあ! へぇ〜」を軸にわかりやすくすることが鉄則です。

5 命令型

「〜をすべし！」「〜をやらなければならない」「知らないと損するよ」といった、命令的なメッセージを含むものです。テレビでもバラエティ番組などは、この命令型が主流となっています。課題を抱えていたり、何かを探している読者の背中を後押しする効果があります。自己啓発系やコンプレックス系（美容・健康）のコンテンツに向いているといえるでしょう。命令型はとかく上から目線な物言いになりがちですが、マツコ・デラックスさんのようにユーモアと愛嬌を交えると効果は絶大です。

6 ニュース便乗型

世の中で話題になっているさまざまなニュースを引き合いに出して、興味のある人を惹きつけるパターンです。ニュースを素材にすることで多くの読者を巻き込むことができるので、あとはその素材をどのように料理するかが勝負になります。テレビのワイドショーでは、紋切り型で、類型化、単純化したコメントをつけるのが定番です。あまり知的にひねっても伝わりにくいので、小倉智昭さんのように毒を交えつつも、直感的にわかりやすくすることが重要です。

困ったときに使えるタイトル6つの型値

直球型	あまのじゃく型	ハウツー型
読者に対してストレートにメッセージを投げかけます。	読者に焦らしと好奇心を誘うように、少し遠回しに攻めます。	手軽に楽しくて即効性を求める読者に効果的です。
疑問型	命令型	ニュース型
読者に問いかけるような見出し。本文で回答を見つけたくなるようなタイトルです。	読者の背中を押すような助言的なメッセージを含むもの。危機感や焦りを促します。	世の中で話題になっているニュースを引き合いに出して、興味のある人を惹きつけるもの。

タイトルの付け方6つの型

では、これら6つの型を使ったタイトルを実際に考えてみましょう。ここでは、私がキス好きな女性の注意を惹くためのコピーを例として作成してみます。

タイトルは寸止めで　167

1 直球型
本当に幸せになりたければキス上手な中年男子がベストチョイス！

2 あまのじゃく型
中年とのキスは加齢臭がイヤだって？
そんなあなたも口臭のワナに気をつけて！

3 ハウツー型
キス上手になるための10の秘技

4 疑問型（対話型）
キスの上手・下手の違いは
何が原因か知ってますか？

5 命令型
そこのあなた！
オヤジのキスをなめたら
痛い目に遭うわよ

6 ニュース便乗型
不倫ブームの芸能界！
キスだけでも不倫になる？

　これらの6つの型を利用したタイトルを作成する際は、まず同じコンテンツに6つの型をすべて当てはめて作ってみることをオススメします。そうすることで、そのコンテンツの一番の訴求ポイントは何か、あるいは本文に欠けている本来伝えるべき重要なエッセンスなどを再発見するきっかけにもなります。

　6つの型は、タイトル作りに悩んだり、困ったりしたときの「テクニック」です。コンテンツ作りにおいては、まず「誰に、何を、どのように」伝えるべきかを大前提に考え、その上で「寸止め」を意識し、困ったら6つの型でいろいろ試してみてください。

> **タイトルは本文記事より時間をかける**つもりで
> **熟考しましょう。**

5-4

難しい言葉はできるだけやさしく

難しさにもさまざまなレベルがある

コンテンツの質の高さと読みやすさは相反しません。難しいほうが質が高いわけではありません。もちろん、ある程度の知識と教養がなければ理解が難しい文章は数多くあるでしょう。メディア評論家のマクルーハンの著書を理解するためには、ある程度の知識と教養が必要かもしれません。ソーシャルメディアに関わっている人ならぜひ読んでおきたい『グランズウェル―ソーシャルテクノロジーによる企業戦略』[※4]は、Web業界に関わっていなければピンと来ないかもしれません。日本で最初に刊行されたコンテンツマーケティングの書籍である『オウンドメディアで成功するための戦略的コンテンツマーケティング』[※5]は、新人社員にいきなり読ませても、読みこなすのはちょっと辛いかもしれません。

コンテンツの難易度は、市場のレベルに合わせて作ればよいと思います。学会や業界向けなのに、わざわざ漫画にしておもしろおかしく表現する必要はないのです。メディアには、それぞれ適材適所の配置と表現方法があります。たとえば、テレビで活躍中の池上彰さんはもともとNHKで記者やキャスターを務めたバリバリのジャーナリストです。フリーになってからは、そのわかりやすい切り口と解説でお茶の間にジャーナリズムを持ち込み、大人気となっています。国際政治や社会問題を、予備知識のまったくない人から高学歴で教養の高い人まで納得させる巧みな演出力は卓越しています。誰もがわかるお茶の間レベルまで表現をわかりやすくしたからといって、内容が薄く、質が低くなるわけではないのです。

コンテンツ制作者は伝達者でもある

子供や年配者向けに文章講座を積極的にされていた、作家の井上ひさし氏は「むずしいことをやさしく、やさしいことを深く、深いことを面白く」という名言を残し

※4 『グランズウェル ―ソーシャルテクノロジーによる企業戦略』(シャーリーン・リー＋ジョシュ・バーノフ 著、伊東奈美子 訳／翔泳社／ISBN978-4-7981-1782-9)
※5 『オウンドメディアで成功するための戦略的コンテンツマーケティング』(Joe Pulizzi＋Robert Rose 著、守岡桜 訳、小林弘人 監修／翔泳社／ISBN978-4-7981-3087-3)

難しい言葉はできるだけやさしく　169

ています。[※6]この考え方は、コンテンツ制作者の義務だと思います。なぜなら、私たちは研究者や学者ではなく、コンテンツを作り、それを伝えることを生業としているからです。

自分で書けない漢字は避けよう

　原稿を書く道具がパソコンになって以来、簡単に漢字変換できるため、ムダに漢字の使用が増えている気がします。もちろん、すべてをひらがなにすれば読みやすいわけではありません。漢字とひらがなの組み合わせのバランスが大切なのですが、その基準は「読みやすさ」だけです。特に記事を執筆する場合は、メディアによって表記統一の基準もバラバラなので、すべてに対応していたらキリがありません。ただ、Webメディアでは、厳密に表記統一をしているところは少ないようです。毎日数十本～数百本も更新するWebメディアで、すべて統一していては、時間とコストがかかって厳しいということもあるでしょう。1つの記事内で表記揺れがなければよしとするメディアは多いようです。かといって表記がまったく統一されていないと、これも読みづらくなります。

　私は自分で手書きで使わない漢字はひらがなにするようにしています。文章を書くのが苦手な人ほど漢字を多用し、表記揺れも多い傾向があります。たとえば「尤も」「様々」「出来る」「例えば」「事」「既に」「全く」など、手書きのときに使わなさそうな漢字は、すべて開く（ひらがなにする）ようにしています。そうするだけでも、いちいちすべての表記統一を覚えなくてもよいので、表記でムダに時間をかけたり悩んだりしないで済みます。

※6　『むずかしいことをやさしく、やさしいことを深く、深いことを面白く』（永 六輔 著／毎日新聞社／ISBN978-4-620-32234-6）、p.16

むずかしいことをやさしく、やさしいことを深く、
深いことを面白く。

5-5

削れ！削れ！削れ！

ムダな贅肉を落とし、筋肉をつける

映画『ベストセラー』で、作家のトーマス・ウルフの持ち込んだ原稿を、編集者パーキンズがひたすら削るシーンがあります。映画では、ほぼ「削る」シーンしか出てこないので、この映画を観た人は、編集って削ることが仕事なんだと思ったかもしれません。

しかし、Webメディアでは、パーキンズのように編集者が「削る」ことがほとんどありません。「2,000字程度でお願いします」と言われて3,000字で出しても、削られることはあまりないのです。Webメディアには、紙メディアのように制限がないこともありますが、検索で上位表示されるために文字数を増やしているのも事実です。1本1万〜2万字という記事も増えています。しかし、これは冗長で読みづらいだけで、ユーザーにとってメリットは何もありません。

あなたが書いた記事をユーザーに読んでもらいたければ、まず削る作業を習慣にしてください。紙メディアであれば編集者が容赦なく削ってくれますが、Webメディアは想定を超えた文字数になっても、面倒がってそのままということも多々あります。したがって、あなたが本当に多くの人に読んでもらいたいなら、必ず自分でたくさん書いてたくさん削る作業をしてみてください。400字の原稿なら1,000字書いてみてから削ってみてください。1,000字なら3,000字書いてみてください。最初から400字を書いて終了というのは食事をしないでダイエットするようなものです。一方、1,000字を書いて400字にする作業は、たくさん食べてたくさん運動をするアスリートの練習に似ています。文章を削る作業は、ムダな贅肉を落とし、筋肉をつけ、キレを出すことなのです。

例文を半分に削る

ここで出題です。以下の1,000字の例文を400字にしてみてください。削除してもよさそうな文字を棒線で消してみてください。

削れ！削れ！削れ！　171

その場しのぎの白ブタは、口達者なので自己アピールが得意です。長期的視点に立つ余裕がないため、その場しのぎでウソをつくこともたびたび。藁でテキトーに家をつくった白ブタさんのように、手っ取り早く簡単に済む方法ばかりを選ぶので、人に迷惑をかけることも多々あります。ユーザーの利益を考えず、その場しのぎで切り抜けようとする白ブタ上司は、ブラックハットSEO（人工被リンク）やステマ（ステルスマーケティング）が好物です。

　あるいはWeb上でかき集めてきた情報をテキトーにコピペし、オリジナリティのないコンテンツを粗製濫造するのも大好き。手段を選ばず、とりあえず手っ取り早く集客をして、問題が起きたらあとで考えよう、まずは今すぐ集客、今すぐ買わせる、が信条。そこにユーザーの役に立ちたいという気持ちはさらさらありません。

　俺様主義の黒ブタは、自己主張が強く、とにかく相手構わず一方的にしゃべります。瞬発力はありますが、とてもせっかちなので、じっくり時間をかけることが苦手。自信がないゆえに攻撃的になりがちで、小枝で家を建てた黒ブタさんのように、プレッシャーに吹き飛ばされる脆さも持ち合わせています。自分のアピールに夢中の黒ブタ上司は、郵便ポストのチラシやCS放送・ケーブルテレビなどのペイテレビのCM、リターゲティング広告が好物です。

　ユーザーの都合はお構いなしに、自社の商品やサービスを徹底的に押しつけます。郵便ポストがチラシであふれようが知らん顔。ペイテレビでは、視聴者がどんなに不快に思っても、同じCMを何度もしつこく垂れ流します。

　これらの迷惑な広告は「ストーカーマーケティング」とも「土足マーケティング」とも呼ばれます。ターゲティングをある程度絞りつつも「ヘタな鉄砲も数撃ちゃ当たる」の理屈で広告の絨毯爆撃をします。たとえばあなたが一度精力剤を買えば、精力剤の広告があなたの見るWeb上に延々と顔を出します。あなたが既婚者で、奥さんの誕生日にたまたま下着を買えば、女性下着の広告がストーカーの如く容赦なくつきまといます。

　滅私奉公のまだらブタは、目標を達成するためなら、部下に対しても厳しい姿勢で臨みます。それはレンガの家を建てたまだらブタさんのように、時間とコストをかけても、長期的にはみんなが幸せになると信じているからです。ユーザーの利益を優先して考えるまだらブタは、アドボカシーマーケティングが好物です。「アドボカシー（advocacy）」とは、「支援」「擁護」「代弁」などの意味を持ちます。

では、この1,000字の例文を400字にしてみます。

　その場しのぎの白ブタは、口達者なので自己アピールが得意です。長期的視点に立つ余裕がないため、その場しのぎでウソをつくこともたびたび。藁でテキトーに家をつくった白ブタさんのように、手っ取り早く簡単に済む方法ばかりを選ぶので、人に迷惑をかけることも多々あります。ユーザーの利益を考えず、その場しのぎで切り抜けようとする白ブタ上司は、ブラックハットSEO（人工被リンク）やステマ（ステルスマーケティング）が好物です。

　あるいはWeb上でかき集めてきた情報をテキトーにコピペし、オリジナリティのないコンテンツを粗製濫造するのも大好き。手段を選ばず、とりあえず手っ取り早く集客をして、問題が起きたらあとで考えよう、まずは今すぐ集客、今すぐ買わせる、が信条。そこにユーザーの役に立ちたいという気持ちはさらさらありません。

　俺様主義の黒ブタは、自己主張が強く、とにかく相手構わず一方的にしゃべります。瞬発力はありますが、とてもせっかちなので、じっくり時間をかけることが苦手。自信がないゆえに攻撃的になりがちで、小枝で家を建てた黒ブタさんのように、プレッシャーに吹き飛ばされる脆さも持ち合わせています。自分のアピールに夢中の黒ブタ上司は、郵便ポストのチラシやCS放送・ケーブルテレビなどのペイテレビのCM、リターゲティング広告が好物です。

　ユーザーの都合はお構いなしに、自社の商品やサービスを徹底的に押しつけます。郵便ポストがチラシであふれようが知らん顔。ペイテレビでは、視聴者がどんなに不快に思っても、同じCMを何度もしつこく垂れ流します。

　これらの迷惑な広告は「ストーカーマーケティング」とも「土足マーケティング」とも呼ばれます。ターゲティングをある程度絞りつつも「ヘタな鉄砲も数撃ちゃ当たる」の理屈で広告の絨毯爆撃をします。たとえばあなたが一度精力剤を買えば、精力剤の広告があなたの見るWeb上に延々と顔を出します。あなたが既婚者で、奥さんの誕生日にたまたま下着を買えば、女性下着の広告がストーカーの如く容赦なくつきまといます。

　滅私奉公のまだらブタは、目標を達成するためなら、部下に対しても厳しい姿勢で臨みます。それはレンガの家を建てたまだらブタさんのように、時間とコストをかけても、長期的にはみんなが幸せになると信じているからです。ユーザーの利益を優先して考えるまだらブタは、アドボカシーマーケティングが好物です。「アドボカシー（advocacy）」とは、「支援」「擁護」「代弁」などの意味を持ちます。

削った後の400字の文章は、次のようになりました。

> その場しのぎの白ブタは、口達者で自己アピールが得意です。長期的視点がなく、ウソをつくこともたびたび。簡単に済む方法ばかりを選ぶので、人に迷惑をかけることも多々あります。ブラックハットSEOやステマが好物です。Web上でテキトーに情報をかき集めてコピペするのも大好き。手っ取り早く集客をして、今すぐ買わせる、が信条。ユーザーの役に立ちたいという気持ちはありません。
>
> 俺様主義の黒ブタは、自己主張が強く、一方的にしゃべります。じっくり時間をかけることが苦手。相手の都合を考えずに、自社の商品やサービスを徹底的に押しつけます。黒ブタは「ストーカーマーケティング」と呼ばれます。
>
> 滅私奉公のまだらブタは、目標を達成するためなら、厳しい姿勢で臨みます。レンガの家を建てたまだらブタさんのように、時間とコストをかけても、長期的にはみんなが幸せになると信じています。ユーザーの利益を優先するアドボカシーマーケティングが好物です。

1,000字と400字で何か印象は変わりましたか？　読者に伝えたい内容はほとんど変わっていないと思います。半分以下に削ることで、かなりすっきりしたのではないでしょうか。

チェックリストに従って削る

自分ではどうしても削りたくないという思いが先立ちます。しかし、読者にとってはそんなことは関係ありません。第三者の目を持って、客観的に削る作業に慣れてください。とはいえ、慣れないうちは時間がかかるものです。そんなときは、削るチェックリストを確認しながら、どこが削れるか試してみましょう。慣れてくれば比較的簡単に削れるようになってきます。

- もっといい表現で短くできないか？
- 似たような内容を繰り返していないか？
- 長いと感じた文は分割できないか？
- 何となく気分で書いた曖昧な表現はないか？
- 接続詞・副詞がムダに多くないか？

●順番を入れ替えることで不要になる文はないか？

接続詞と副詞を削る

　接続詞は「そして」「しかし」「ところが」など、文節と文節を繋ぐ言葉です。副詞は「すごく」「とても」「もっと」など、動詞、形容詞、形容動詞を修飾する言葉です。副詞は多用すると曖昧な印象が強くなります。もし副詞を使いたくなったら、比喩や数字といった具体的な言葉に置き換えられないかを考えてみてください。接続詞はリズム感を出すためにあえて繰り返して使うこともありますが、まずは削ってみることから始めてみてください。

　次に挙げたのは、接続詞と副詞を多用した例文です。

> 　「ステマ」とは、商品やサービスの広告をまるで記事のように見せて、広告である旨を表示しないステルスマーケティングの略称です。たとえば、あるメディアには特定のファンがついています。ファンはそのメディアをとても信頼しているため、記事を熱心に読んでくれます。ステマはそのファンの信頼を利用して、「広告」であることを明示しないでこっそり売り込みます。つまり、メディアは企業に広告のお金をもらっていながら、あたかも客観性・中立性を保ったかのように企業の商品・サービスの提灯記事を書くわけです。まさに、ユーザーをダマす詐欺行為となのです。
>
> 　倫理的・法的にもステマが絶対に許されないのは言うまでもありません。それゆえに、ステマはその代償がとても高くつくことを覚悟すべきです。
>
> 　たとえ一時的にユーザーをダマすことができても、長期的には企業にもメディアにも何のメリットも生まない自滅行為なのです。

接続詞と副詞を削ってみましょう。

> 　「ステマ」とは、商品やサービスの広告を記事のように見せて、広告である旨を表示しないステルスマーケティングの略称です。あるメディアには特定のファンがついています。ファンはそのメディアを信頼しているため、記事を読んでくれます。ステマはそのファンの信頼を利用して、「広告」であることを明示しないで売り込みます。メディアは企業に広告のお金をもらっていながら、

削れ！削れ！削れ！　　175

> 客観性・中立性を保ったかのように企業の商品・サービスの提灯記事を書くわけです。ユーザーをダマす詐欺行為となのです。
>
> 　倫理的・法的にもステマが許されないのは言うまでもありません。ステマはその代償が高くつくことを覚悟すべきです。
>
> 　一時的にユーザーをダマすことができても、長期的には企業にもメディアにも何のメリットも生まない自滅行為なのです。

　いくつの接続詞と副詞が削れたでしょうか。

　「まるで」「たとえば」「とても」「熱心に」「こっそり」「つまり」「あたかも」「まさに」「絶対に」「それゆえに」「とても」「たとえ」と、12個の単語を削りましたが、何も影響はありませんね。むしろ、少しすっきりしたと思います。接続詞や副詞は、まったく使わないほうがよいとは限りませんが、無意識に使ってしまうことが多いので、まずは削ってみるという意識でちょうどよいと思います。

　夜中に書いた告白文や、仕事でつい頭に来て書いたメールなど、朝、改めて読み返して「あ、出さなければよかった」という経験をした方も少なからずいるのではないでしょうか。一度書いた原稿は、時間が許すならば、間を置いて何度か見直すようにしてみると、冷静かつ客観的に推敲（自分の原稿にムダがないか、構成は適切かなどをチェック）ができます。

　かの文豪アーネスト・ヘミングウェイは、原稿を書き上げると、トランクに入れて銀行の貸金庫に預け、しばらく時間をおいて取り出し、手を入れてから発表するかどうかを判断したといいます。[※7]

※7　『忘却の整理学』(外山滋比古 著／筑摩書房／ISBN978-4-480-84290-9)、p.120

> ユーザーは短い文章を好みます。2,000字の文章なら、1万字から削るつもりで書きましょう。

5-6

構造化してみる

3つの構成パターン

　自分で文章を書くときやライターに原稿依頼をするとき、どんな展開でまとめるか、どんなストーリーにするか迷うことは多いと思います。そんなときは、次のような3つの構成パターンを事前に決めておくと、ストーリーが作りやすくなります。

1「自分と何か(誰か)の関係」を描く
2「現在と過去と未来」を描く
3「体験と論理と感情」を描く

　p.106で紹介した三題噺「はちみつシャンプー」を例に、それぞれ3つの構成パターンに当てはめて作成してみましょう。

1「自分と何か(誰か)の関係」を描く

　自分とはちみつシャンプーとの関係について描きます。いわゆる体験談です。商品やサービスの紹介でも、オピニオン系のコラムでも、フィクションでも、書き手と何か(誰か)の関係性を描けば、自ずとストーリーが生まれます。

　僕があいつと出逢ったのは、8月2日だった。僕の誕生日だ。坊主頭の僕とあいつは無関係だと思っていた。でも風邪をひいた誕生日、彼女が僕にあいつの存在を教えてくれた。
「老化防止や不眠、脳の活性化にもいいんだって。ミネラルやたんぱく質なんかも豊富で、美容成分が多く含まれているんだよ」
　あ、それは風邪に効くという、はちみつバルサミコ酢ドリンクのことだ。でも、朦朧とした僕には、彼女の長い髪から漂う、ほのかなはちみつの香りしか記憶にない。いや、彼女が去ったあとの残り香だけが部屋を包んでいた。いや、包んでいた気がしただけかもしれない。とにかく、それがはちみつシャンプーと

構造化してみる　177

の出逢いだったのだ。あれから1年。彼女が残していったはちみつシャンプー。今、僕の髪は肩まで伸びた。そして、いつの間にか、そのほのかなはちみつの、甘くやさしい香りを忘れないままでいる。あの日と同じように、ノラ・ジョーンズが「ドント・ノウ・ホワイ」を歌っている。甘くやさしい声で。

2 「現在と過去と未来」を描く

自分とはちみつシャンプーの現在と過去と未来を描きます。三幕構成の「状況設定→葛藤→解決」を時間軸で構成することで、よりストーリー性が明確になり、三幕の流れが作りやすくなります。

今、僕の髪は肩まで伸びている。そして、甘く切ないはちみつの香りを忘れないままでいる。僕がはちみつシャンプーと出逢ったのは、8月2日だった。僕の誕生日だ。坊主頭の僕とはちみつシャンプーは無関係だと思っていた。でも風邪をひいたあの日、彼女が僕にあいつの存在を教えてくれた。
「老化防止や不眠、脳の活性化にもいいんだって。ミネラルやたんぱく質なんかも豊富で、美容成分が多く含まれているんだよ」
あ、それは風邪に効くという、はちみつバルサミコ酢ドリンクのことだ。でも、朦朧とした僕には、彼女の長い髪から漂うほのかなはちみつの香りしか記憶にない。いや、彼女が去ったあとの残り香だけが部屋を包んでいた。いや、包んでいた気がしただけかもしれない。とにかく、それがはちみつシャンプーとの出逢いだったのだ。僕はいつまで髪を伸ばすのだろうか。もう真夏だ。また坊主に戻すべきだろうか。でもそれは本当に、はちみつの残り香にさようならを言う気がして恐い。あの日と同じように、ノラ・ジョーンズが「ドント・ノウ・ホワイ」を歌っている。彼女がなぜこの部屋を出ていったのか、今もわからないのだ。

3 「体験と論理と感情」を描く

はちみつシャンプーを体験することによって、どんな気持ちの変化が起きたのか、理屈と感情の両面で理解を促し、納得してもらいます。

はちみつバルサミコ酢ドリンク──聞きなれない言葉だった。「それは風邪に効くんだよ」と得意げに語る彼女。「老化防止や不眠、脳の活性化にもいいんだって。ミネラルやたんぱく質なんかも豊富で、美容成分が多く含まれているんだよ」
「実は私の髪もはちみつ入りなんだよ。どう？」
　振り向いた僕は、長い髪のほのかなはちみつの香りにほんのり酔った。彼女は「私の髪、艶やかで美しいでしょ」と言わんばかりの笑みを浮かべた。
「僕も使ってみようかな」
「あなた、坊主じゃない」と笑う彼女。
　そして、はちみつシャンプーがナチュラルフードから発想を得た成分だけで作られていて、世界各地で長く愛されてきた美しさの元となってきたパワーフードだってことを熱く語った。
　今は、彼女が去った後の残り香だけが部屋を包んでいる。いや包んでいる気がするだけかもしれない。あれから１年。彼女が残していったはちみつシャンプー。いま僕の髪は肩まで伸びた。そして、いつの間にかはちみつの甘くやさしい香りを忘れないままでいる。１人になったのに、なぜか身だしなみや健康に気を遣うようになった。それも彼女が残していってくれた、はちみつの置き土産のおかげかもしれない。

　これらの３つの構成パターンが狙うのは、書き手であるあなたとユーザーとのコミュニケーションです。コンテンツとは、自分の体験をストーリー化し、ユーザーと共有し、共感を促し、信頼関係を築くためのコミュニケーションの手段なのです。そのために、ターゲットを設定し、コンテンツを構造化し、物語化し、演出する必要があるのです。

文章の構造に悩んだら、
３つの構成パターンに当てはめてみましょう。

Interview

コンテンツ侍に訊く！

谷口マサト
―人の心を変えるコンテンツを
　作らなければいけない

谷口マサト（たにぐちまさと）
LINE株式会社 クリエイティブチーム チーフプロデューサー。横浜国立大学の建築学科を卒業後、空手修行のため渡米。1996年に制作会社を経て外資系のIT系コンサル会社へ。その後、ライブドアへ転職。現在は、企業とのタイアップ広告企画を担当する。『広告なのにシェアされるコンテンツマーケティング入門』（宣伝会議）など、多数の著書がある。

　谷口氏は、LINEのネイティブ広告企画『全力コラボニュース』[※1]のプランナーです。『広告なのにシェアされるコンテンツマーケティング入門』[※2]の著者でもあり、最近ではスポンサードコンテンツとしての漫画原作も数多く手がけています。

　昨今、広告業界の救世主としてもてはやされるネイティブ広告ですが、その実態はまだ「擬態広告」に過ぎません。つまり、コンテンツを装った広告です。メディアの中に紛れ込んで、「何となく記事っぽく見せているけど実は広告でした」という体裁をとっています。ステマになってはいけないので広告表記をしますが、記事の上端か下端になるべく目立たないように小さく「PR」「SPONSORED」「広告」などと表示されているアレです。

　しかし、谷口氏の繰り広げるネイティブ広告は、「喜ばれる広告」の未来を体現しています。これまでメディアにとって邪魔者だった広告を自ら楽しむコンテンツに変換させて見せているのです。『全力コラボニュース』の記事を見ればわかりますが、そのほとんどが通常のエディトリアル記事より、はるかに高いエンゲージメント（シェア、閲覧時間など）を達成しています。つまり、「ニュース記事よりおもしろいじゃん！」という評価です。また、ただおもしろいだけのバズコンテンツに陥っていないところが、広告主にとっても魅力的なのです。

　「擬態広告」として、できるだけ広告であることを隠そうとするネイティブ広告が溢れる中、「全力コラボニュース」はキャッチコピーで「斜め上を行く、新時代のタイアップ企画」と謳っているように、広告であることを全面的に表明しています。谷口氏が「全力コラボニュース」でWeb業界の人気ライターのヨッピー氏を主力パートナーにして

※1　**全力コラボニュース**：「斜め上を行く、新時代のタイアップ企画」をキャッチフレーズに、ネイティブ広告ばかりを集めたサイト。http://news.livedoor.com/zenryoku/
※2　『**広告なのにシェアされるコンテンツマーケティング入門**』（谷口マサト 著／宣伝会議／ISBN978-4-88335-308-8）

いるのも、コンテンツに対する覚悟とこだわりが垣間見えます。

　谷口氏は、ソーシャルメディア上で広く話題になる「バイラルコンテンツ」を得意としていますが、たとえば「なぜ"薄毛男子"はSNSでモテるのか？その上質で丁寧な暮らしに学ぶ」[※3]は、3,000近くの「いいね！」を獲得しています。このコンテンツでは、「薄毛」をネタにしながら、ただ茶化すのではなく「上質な暮らし」をキーワードに「自分を飾るよりも磨こう」という粋なメッセージで、薄毛に悩むユーザーにしっかり課題解決のヒントを与え、読む者を笑わせつつも商品訴求に繋げているのです。

　また、彼の送り出すコンテンツは主に「おもしろコンテンツ」ですが、このようなネイティブ広告が必ずしも「おもしろコンテンツ」である必要はありません。仮にバズったコンテンツでも広告主の商品訴求がされなかったり、エンゲージメントに繋がらなかったりすれば、ネイティブ広告の意味もありません。そのバランスはとても難しいのですが、谷口氏が発信するネイティブ広告は、広告の未来、そしてコンテンツ力の可能性を可視化してくれています。

ネットの世界では、真面目な広告はまったく響かない

――谷口さんは、もともと建築家を目指していたそうですが、なぜこの業界に？

　あるとき有名な建築評論家の方と淡路島の建築を見て回ったのですが、その人は駐車場に着くや否や建築物まで一目散に走って行くんですよ、早く見たいから。小太りな人なんですけど、必死で走って建築物に向かって行くのを見て「自分はそんなに建築が好きじゃないな」と(笑)。こんなに建築が好きな人には敵わないなと思ったんです。

　それで建築から離れて、アメリカへ空手修行に行った後、IT業界に入りました。いろいろやりましたが、今のコンテンツ制作の仕事は、ここ5年ぐらいですね。巡り巡って、結局好きなことしかできないなと(笑)。

――コンテンツ制作に目覚めたきっかけは、どんな感じだったのでしょう？

　おもしろいことをすると、褒められるんですよ。真面目なことはいくらやっても誰も褒めてくれないのに(笑)。バカなことをちょっとやると、みんな「わーっ！」となって褒めてくれるんです。あとは、自分は好きなことやっているだけだから、ど

[※3] なぜ"薄毛男子"はSNSでモテるのか？その上質で丁寧な暮らしに学ぶ：http://news.livedoor.com/article/detail/10190567/

んなに忙しくても苦にならないんですよ。でも、それが周りから「1人ブラック企業」って言われて。そのギャップがおいしいですね（笑）。

——5年前からずっとネイティブ広告を軸にやられているのですか？

　昔はベタなタイアップ記事を作っていましたが、いくらお客さんが納得する真面目な記事を作ってもユーザーには無視されるわけです。ネットの世界では、真面目な広告はまったく響かないから、やっても意味ないなぁと。それで、もっとおもしろいことをやっていこうと考えて、今に至っています。

笑いだけでは、人の心に深く刺さらない

——『全力コラボニュース』は、お笑いコンテンツがメインですが、「コンテンツ力」という意味で、お笑い以外に可能性はありますか？

　「泣き」だと思います。笑いだけで終わると、結局、商品にコンバージョンしないんです。笑いは伝播性があって、バズを狙うにはいいんですけど、購入まで落ちない。ユーザーの心に深くは刺さらないんです。まず笑いで拡散して、最後に泣きがあると、商品に対する反応が変わってくるなと思います。

　たとえば『どうしてパパはカメムシになったの？』[4]という漫画は泣きの話だったんですけど、「すごく保険に入りたくなった」という声がありました。泣きまでいくと「商品まで落ちたな」と、すごく実感しますね。根本的に泣きがないとダメだと思っています。

　漫画家のかっぴーさんと対談したとき、彼も同じことを言っていました。「バズることと、ヒットすることは違う」と。アンケートを見るとバズった記事が、必ずしも人気の高い記事とは限らないらしいんです。それは、きっと泣きの濃さだと思います。泣きがないと本当に好きにはなってくれないんです。

　おそらく、「笑い」はみんなで笑ったほうが楽しいから広がるけれど、「泣き」は涙を隠す人がいるように、とても個人的なことなんですよ。だから深く刺さるんです。

　「バズったけど何だったんだ？」という永遠の課題があるんですが、そのへんを解消していかないと先がないと思っています。

※4　**どうしてパパはカメムシになったの？**：公開して半日で約100万人に読まれ、泣けると話題になったライフネット生命のネイティブ広告として制作された漫画。描いたのは現役女子大生の山科ティナ。http://news.livedoor.com/article/detail/11374383/

182　**5　読まれる文章には理由がある**

──『全力コラボニュース』は、広告をコンテンツ化して成功している好例だと思いますが、広告に対してどのような考え方を持っていますか？

　私自身、ネットユーザーの立場で見ても、広告がどんどんダサいと思われるようになっていると感じるんですよ。痛々しいというか「こんなのウソしか言ってないじゃん」と。「広告ダサい問題」といってるんですが、広告と広告業界のイメージが確実に悪くなっています。ネットはテレビやラジオよりもユーザーとの距離が近いので、目の前でかしこまったキレイゴトを言われても困るんです。だから、わざわざ下品な言葉を使ったり、友達のような会話調にしたりとユーザーとの距離感をずっと意識しています。

　ネットだと、大上段に構えて一方的に大声で言われたら、いくらおしゃれなコピーでも「うるせえ！」ってなるんですよ（笑）。広告は手法が何であれ、上から目線って感じがするからでしょうかね。ウソっぽいし、大本営発表みたいだし。

　ネットでは「B級感」が大切だってよくいわれますけど、あまりにも完成されたものを出しちゃうと、なんか「シーン」となっちゃうんですよね。『そうだ 京都、行こう。』というのもテレビCMで見ると「そうだ行こう」と思うかもしれませんが、ブログに書いてあったら「勝手に１人で行け！」と思いますよね（笑）。大上段な物言いはネットに向いていないんです。

　ただ、既存の文化は全部ネットに置き換えられると思っています。言い方を変えるだけなので。

コンテンツ制作のノウハウは教えられる？

──おもしろコンテンツは属人性が強いと思うのですが、企業としてそのノウハウは、教えていけるものでしょうか？

　教えていかなきゃいけないと思っています。教科書みたいなものを作っていかなきゃいけないな、と。テレビでもラジオでも作る文化を教えていったわけですから。ネットって歴史が浅いだけで、できると思っています。

　ただ、まだ「教え方がわからない」という課題はあります（笑）。この前、３カ月くらい教えたアルバイトの女の子と久しぶりに会ったんですが、「谷口さんから、女をいかにエロく見せるかを習いました」って言うんです。「えー」って思いましたよ

(笑)。ネイティブ広告について教えたつもりなのに、そんなことしか覚えてないのか！って。画像のトリミングを頼んだら、グラビアでお尻を見せたいのに、肝心のお尻を切っちゃうんですよ。だから「ここは尻だから！　尻をトリミングしてどうするんだ！」って教えただけなのに、その結果が「女をいかにエロく見せるかを習いました」ですから(笑)。

Webメディアでお金は稼げるか

——年々、インターネットでの広告出稿費は増えているものの、まだマネタイズに苦労しているWebメディアがほとんどですよね。

　ネットの記事って大半が「いかに安く作るか」みたいになっています。でも、そういう現状を変えたい気持ちは強くあります。そうしないと先がないと思っているので、制作費が潤沢に回るものを作りたいですね。制作費というのは誘導枠の大きさに比例するので、私は希望を持っています。テレビCMはお金をかけて誘導するから、その分、必死で作るわけじゃないですか。それはWebにも当てはめられるはずだと思っています。ネットの配信力はこれからどんどん増えていくので、制作費も上がるはずだと信じています。

　そのために読者の態度変容を、どんどん測ってこうと思っています。CPA[5]以外も数字を見せないとコンテンツの効果を説明できないので、広告主の担当者の武器を作ろうと思っています。発注側(広告主)の担当者が社内で説得するための態度変容モデルみたいなものですね。

　認知とアクションと関心度、購入意向という基本的なものですけど、100人ぐらいに調査して測ろうと思っています。実際に反応がよいので、楽観視しています。計測すると5分は見てるんですよ。これだけ時間があれば態度ぐらい変えさせられるだろう、と。

---

[5]　**CPA**：Cost Per Acquisition の略。広告単価の指標で、顧客獲得 (acquisition) 1人当たりの支払額。または、何らかの成果 (action) 1件あたりの支払額を指す。

強いコンテンツの条件

——今後、「強いコンテンツ」を制作するために具体的に考えていることはありますか?

　これからは映像を充実させていきたいと考えています。具体的には、ネイティブ広告で5分以内で流せるタテ動画の制作です。基本的には、漫画と変わらないです。

　いかにローコストで作るかというのがポイントですね。タテ動画にするのは、ヨコ動画ほど予算がかからないという理由もあります。ヨコだと雛壇にして人を埋めないと絵がもたないんです。でも、タテにしてアップにしていれば、登場人物が1人でも十分なんです。コスト面でもタテ動画の可能性をもっと突き詰めていきたいですね。具体的にはドラマを300万円以内で作ろうと思っています。それでユーザーの態度変容がうまくいって、高い効果が出れば継続できると思うんですよ。

　あと、日本の漫画文化は進んでいるので、漫画は独自性を出すのに一番いいんじゃ

ないかなと思っています。ベタな広告漫画ではなく、あくまでもコンテンツとしておもしろいものを。そういう企画を漫画家さんに提案すると、みんな喜んで「やらせてください」って言うんです。こちらも「ぜひお願いします!」と。描く機会が少ない漫画家さんって、すごく多いんです。

——タテ動画のコンテンツとして、どんな内容を考えていますか。

　先にも言ったように、ドラマを作ろうと思っています。テレビはドラマが肝だと思っているのですが、それをネットに置き換えるようなものを作ってしまえばいい、と。連続ドラマがスマホで成立する世界が来ると思うので、その準備をしています。漫画も、その準備の1つです。

　尺は5分以内。これまで計測した結果、スマホだと集中力は5分が限界なんですね。でも、1分以内だとCMになってしまうので、3分以上にしないと番組として新しくないわけです。それだと、すでに散々やられている単なる「バズるショートムービー」になってしまいます。

そうならないためには連続ドラマにして、まずお金が継続して回る生態系を作らなきゃいけないと思っています。それがローコストでリッチなものになればいい。映像でそれを実現したいんですよね。漫画でも徐々にわかってきてもらえている実感はあります。映像をやって初めて、みんなが「あ、こういうことか！」となると思います。やっていることは同じなんですが、映像だともっともらしいから（笑）。

写真はドキュメンタリー、漫画はファンタジー

――コンテンツ制作に向いている人ってあると思いますか？

KYで、おバカになれることですかね（笑）。私もそうなんですが、KYってどの仕事でもふつうは嫌われますよね（笑）。それが広告になると、目立つから評価されたりするんですよ。目立てば勝ちっていう仕事なんて、エンターテインメント以外ではあまりない。自分が社会に適合してないと感じている人、数字より好きなことをやってしまうという人が向いていると思います。「どうしようもない人は芸人になれ」って言いますけど、それに近いかな。

あとは「からかわれ力」とか。からかわれていることが才能になります。他人との違いを発見するのが「からかわれ力」かもしれないですね。からかわれるって、どこか目立っているわけだから。からかわれると本人はそれを抑えようとするんだけど、実はそれがポテンシャルを持っているのかもしれないな、と。「自分がからかわれてたことは何かな？」って思い返すのはいいかもしれません。そういう人は、広告やコンテンツの才能があるかもしれないですね。

――今、ご自身で一番おもしろいと思っていることは何でしょう？

やはり漫画がおもしろいですね。今までは写真とテキストを組み合わせたコンテンツをメインでやっていましたが、写真ってドキュメンタリーしかできないんですよ。ストーリーを作りたいので、そうなると写真とテキストでは弱いんです。GIFアニメはリアリティを出そうとしてやっているんですが、ドラマとは根本的には相性が悪いと思っています。

創作系（フィクション）は漫画や映像にしないと、茶番にしか見えないんです。今はドキュメンタリーは写真で提案していますが、それ以外は危険だからやっていません。写真はドキュメンタリー、漫画はファンタジーって区別してやっていますね。

※6　**小池一夫先生**：漫画原作者で、劇画村塾主宰。デンジマンの歌や『俺はグレートマジンガー』などの作詞もしている。信条は「漫画はキャラ立てが大事だ」。『子連れ狼』など、誰もが知っている名作を残している。

漫画に関しては、1年以上ずっと勉強していますね。小池一夫先生[6]のところに漫画を習いにも行きました。漫画の原作を書いて思ったのは、漫画は、漫画家さんが絵を描いてくれるから楽ってことです(笑)。3時間ほどかけてパッと脚本を書けば終わりなんで、「こりゃいいや」と。生産性が高いですよね。ただ原作のためのリサーチに数カ月かかることもありますが、それも撮影に比べれば楽です。調査しに行った場所で雨が降っていても、後で青空を描いてもらえばいいですからね。

──今後の一番大きな目標は何でしょう？

　究極の目標は自殺をなくすことです。大学時代に大切な人を自殺で亡くしました。真面目だったんですね。だから、そういう人の気持ちがほぐれて、生きるのって楽しいと思うモノを作りたいんです。そのためには、人の心を変えるコンテンツを作らなきゃいけないと思います。

　お笑いコンテンツをやっているのも、根本にはそれがあります。たまたまネットで「妻が病気で倒れて落ち込んでいたんだけど、読んで心が晴れた」という感想を見たときは、すごくうれしかったですね。コンテンツを作る最大の喜びは「人の心を動かす」ことかもしれません。ほかにそんなこと言ってもらえないですから。真面目にサラリーマンやってても誰も褒めてくれなかったわけですし(笑)。

Chapter 6
知らぬは損だが役に立つ Webコンテンツの真実

Web業界には、雑誌や新聞などのトラディショナルメディアにはない、特有の流儀があります。本章では、Webコンテンツの企画の考え方、演出方法、業界あるある話など、知らないと損するWeb業界の真実について解説します。

6-1

コンテンツの4つの型

4つの型に分類して分析する

Webメディアでコンテンツ案を考える際に、参考になりそうな事例を探したいと思ったら、そのサイトがどんな型のコンテンツを軸にしているかを念頭において探すことをオススメします。そして、自社ではどの型が最も適切なのかを考えながら参考にすると、コンテンツ制作において方向性を決める指標にできます。

コンテンツの型は、大きく次の4つに分けられます。

1 課題解決型
2 バイラル喚起型
3 ブランド訴求型
4 情報検索型

これらの4つの型のコンテンツには、それぞれ得意とする分野と役割があります。

「課題解決型」は、コンテンツの量産に向いており、ユーザーとのコンタクトポイントを広く確保しやすいため、SEO的にも大きな効果が期待できます。

「バイラル喚起型」は、量産するのが難しいものの、ソーシャルメディアとの親和性が高いので、一度拡散すれば短期間で爆発的なアクセスを期待できます。

「ブランド訴求型」は、「課題解決型」と「バイラル喚起型」の両者の特性を活かすことができるコンテンツです。

「情報検索型」は圧倒的な情報量で、辞書のような使い方をされます。Yahoo! JAPANのようなポータルサイトからWikipediaやSUUMO、ぐるなび、価格.comなどのような情報サイトです。

「課題解決型」や「ブランド訴求型」も、効率的に影響力の強いメディアに配信や広告出稿をすることで、「バイラル喚起型」のコンテンツとして、狙いたいターゲットにピンポイントで情報を届け、拡散を狙うことができます。

では、4つの型について具体的に説明していきましょう。

190　6　知らぬは損だが役に立つWebコンテンツの真実

■ 課題解決型コンテンツ

これは、ユーザーが抱える課題や悩みなどのニーズ(要望)を満たすためのコンテンツです。

オウンドメディアの多くは、課題解決型コンテンツを継続して配信することで、検索エンジンからのトラフィックを運び、ひいては潜在層や見込み客、優良顧客の育成に繋げていくことを目的としています。この課題解決型コンテンツを制作するときに重要なのは、自社の商品やサービスの情報を一方的に発信するのではなく、ユーザー視点で必要とされる情報を発信していくために、誰に何を伝えるべきかを最優先して考えることです。

■ バイラル喚起型コンテンツ

ブランドの認知獲得・情報拡散を目的としたコンテンツが、バイラル喚起型コンテンツです。ここで理解しておきたいのは、バイラル喚起型コンテンツは潜在層の開拓、認知獲得、情報拡散において効果を発揮する一方で、必ずしも見込み客の育成やエンゲージメントの向上を約束するものではないということです。

あなたがオウンドメディアを運営することになり、月30本の記事を更新すると決めた場合、すべての記事をバイラルさせたいと考えるかもしれません。しかしその前に、それが本来の目標に合致したコンテンツであるかどうかを精査すべきです。バイラル喚起型コンテンツは、多くの費用と時間をかけても、必ずしも毎回「当たる」とは限りません。「ハズす」リスクを負う覚悟も必要になります。

たとえユーザーにとって価値のある課題解決型コンテンツでも、それが薄毛、メタボ、便秘といったコンプレックス系のコンテンツであれば、バイラルはあまり期待できません。しかし、それらが真に価値のあるコンテンツであれば、バイラルしなくてもエンゲージメントやコンバージョンの強化に繋がります。つまり、配信したコンテンツがバイラルして、認知獲得に成功したとしても、エンゲージメントやコンバージョンの向上に繋がらなくては意味がないということです。

また、バイラル喚起型コンテンツは、短期的に認知獲得と情報拡散を狙えるカンフル剤的な役割を果たすので、広告の役割に近いともいえます。しかし、広告の多くが期間限定のフロー型コンテンツなのに対し、バイラル喚起型コンテンツはオウンドメディアにアーカイブされることで、息の長い課題解決型コンテンツにもなり得ます。

逆もまた然りです。課題解決型コンテンツがバイラル喚起型コンテンツとして拡散していくこともあります。たとえば、私がSlideShareで共有している『コンテンツ作りの三原則』は、もともと企業のWeb担当者や編集者に向けたセミナー用に

コンテンツの4つの型　191

作成したコンテンツで、バイラル喚起が目的のコンテンツではありません。しかし、共有した当日に1万ビューに達し、3年以上経った今(2017年1月現在)は23万ビューを越えており、少しずつながら着実に読まれ続けています。バイラルすることでほかのコンテンツのビュー数も底上げされ、結果的にデジタルマーケティング業界での認知拡大と顧客獲得に繋がるコンテンツとなっています。このように、課題解決型コンテンツであっても、バイラル喚起型コンテンツとしての役割を果たす例は少なくありません。

コンテンツ作りの三原則(インフォバーン)
http://www.slideshare.net/infobahn_pr/writingseminar0617

　バイラル喚起型コンテンツは、単に多くのいいね！やRT、PV数を獲得してバズらせるだけのコンテンツを意味するものではありません。オウンドメディアを拠点にユーザー視点のコンテンツを発信し、ユーザーと親和性の高いメディアへのコンテンツ配信、そしてソーシャルメディアでの拡散と流入を図ることが目的なのです。

3 ブランド訴求型

　ブランド訴求型コンテンツは、企業もしくはその企業が提供する商品やサービスのブランディング・認知獲得を目的としたコンテンツです。
　たとえば、ワコールの男性用下着「BROS」が『ROOMIE』というインテリア系メディアで展開したネイティブ広告は、男性下着の新たな世界観を上手に打ち出し、ブランド訴求に成功した好例です。コンセプトメッセージは「男が知らなかった気持ちよさ。」というものです。お金持ちでも、派手な暮らしをしているわけでもない等身大の若者の日常風景。それがちょっとした「こだわり」を持つだけで、気持ちのよい毎日が送れるということを気づかせてくれます。記事中で「BROS」の価値

を「決して高いものでも、安いものでもない、自分にちょうどよい"ちょっと特別"」と表現しているように、日常生活にささやかな彩りを添えたい、何となくリア充感のある暮らしをしたいという若者たちを狙ったブランド訴求といえます。「上質な暮らし＝リッチな暮らし」ではないという若い世代の空気感をつかんだメッセージは、多くの共感（とツッコミ）を呼び、高いエンゲージメントを獲得しています。

あるいはリコーの『西暦2036年を想像してみた』は、創業100周年となる西暦2036年の仕事環境をテーマに企画・制作したブランデッドコンテンツです。リコーの先進性を伝えるため、小説・漫画・ゲームなどの分野で活躍するSFクリエイターと、リコーの技術者によるコ・クリエーション企画を展開しています。

また、リコーと親和性の高いメディアにコンテンツを出稿することで、情報感度の高いユーザーへアプローチし、新たなファンを獲得するとともに、ブランドへの認知をより広範囲へ拡張することに成功しています。

リコー『西暦2036年を想像してみた』
http://jp.ricoh.com/special/AD2036/

このように、ブランド訴求型コンテンツは、企業や企業の商品・サービスを理解してもらうための詳細なストーリーを伝え、ユーザーとブランドを繋ぐことを目的としています。

4 情報検索型

アスノシステムが運営する『会議室.com』は、全国の会議室やホールを紹介するポータルサイトで、「会議室」の検索流入では1位を確保している典型的な情報検索型のメディアです。まだ競合が少なく先行アドバンテージを維持していますが、情報検索型コンテンツだけではユーザーのニーズを満たせないという危機感も持ち

合わせており、今後は課題解決型やバイラル喚起型のコンテンツも充実させていきたいそうです。つまり、会議室という「箱」を紹介することで、イベントホールやホテルなどを会議やカンファレンスなどで使いたいという顕在層は確保しているものの、それ以外の潜在層にはほとんどリーチできていないという認識です。そこで、潜在層の掘り起こしのために、課題解決型やバイラル喚起型のコンテンツも欠かせないという判断をしているというわけです。今後は、「箱」だけの情報だけではなく、会議自体に関するお役立ち情報や、上手な会議の利用法や目的別に合った会議室の提案など、ソフト面からアプローチしていくとのことです。

アスノシステム『会議室.com』
http://www.kaigishitu.com/

　レンタルスペースの紹介事業を展開するスペースマーケットも同様です。レンタルスペースの紹介サイト『SPACE MARKET』と併せて、『BEYOND』というオウンドメディアを運営することで、事例として全国のユニークな利用方法を紹介し、新たなニーズの掘り起こしを狙っています。

スペースマーケット『BEYOND』
https://beyond.spacemarket.com/

類型別に見るオウンドメディアの成功事例

オウンドメディアの成功事例としてよく取り上げられる『弁護士ドットコム』は、「課題解決型」「情報検索型」を軸にしつつ、一方で「バイラル喚起型」「ブランド訴求型」の『弁護士ドットコムニュース』というオウンドメディアも運営しています。

また、数多くの「バイラル喚起型」コンテンツで一躍有名になったWeb制作会社のLIGのWebサイトは、実はコンテンツのほとんどがWeb制作のノウハウなどの「課題解決型」です。あるいは、『会議室.com』や不動産サイトの『SUUMO』は典型的な「情報検索型」メディアといえるでしょう。

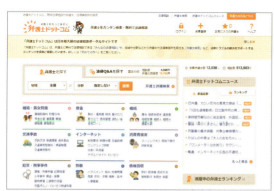

弁護士ドットコム
https://www.bengo4.com/

このように、よく知られるオウンドメディアは、この4つの型を的確に棲み分け、それぞれのメディアに適切な役割を担わせています。

コンテンツマーケティングのあるべき姿

コンテンツマーケティングやオウンドメディアに関するセミナーに登壇させていただくと、他社の成功事例を知りたいというWeb担当者が非常に多くいます。主催者からも必ず「成功事例を紹介してください」という要望をいただきます。

他社の成功事例を知っておくことは無駄にはならないし、オウンドメディアを運営する際に成功事例を参考にすれば、会社（上司）への説得材料として一番手っ取り早いのも事実でしょう。いじわるな言い方をすれば、失敗しても会社に言い訳もしやすいでしょう。

しかし、自社が本当にオンリーワンの存在を目指し、競合他社との差別化を図りたいのであれば、他社の動向をうかがうことより、自社の足元をしっかり見つめ直すことを優先すべきでしょう。自社の意図と目的が曖昧なままでは、いくら他社の

成功事例をマネしたところで、うまく進められるはずがありません。

　また、コンテンツマーケティングの施策において「成功」「失敗」の定義は、その企業がコンテンツマーケティングを進めるにあたって、何をKGIとするかによって変わってくるので、一概にこれが「成功事例」と定義することもあまり意味はありません。肝心なのは、その企業のコンテンツマーケティングが成功しているかを知ることではなく、成功するためにどのような適切な施策を打っているかどうかです。

　それは、どれくらいのコストをかけたのかとか、どんなコンテンツを作成しているのかということではありません。「コンテンツマーケティングの成功例」とは、すなわち「コンテンツマーケティングの正しい理解」であり、それは「ユーザーの立場で考えられているか」に尽きるのです。

ユーザーがほしいのはメッキでない

　たとえば「メッキ加工」というキーワードで検索をすると、「三和メッキ工業株式会社」という企業が出てきます。三和メッキ工業に限らず、1ページ目に表示される企業は、それなりにコンテンツが充実していますが、三和メッキ工業が競合他社と比べて明らかに違う点が1つあります。

三和メッキ工業（BtoB）
http://www.sanwa-p.co.jp/

　他社のコンテンツのほとんどは「メッキ加工の工程」「メッキの種類」「メッキ技術」「メッキ教室」といった、メッキ自体の解説や自社サービスの説明を中心にコンテンツが構成されています。

　一方、三和メッキ工業のコンテンツは「めっき用途別ランキング」「めっきセカンドオピニオン」「めっきQ&A」といったユーザー視点に立った切り口になっているのです。さらに、同社はBtoB向けの『三和メッキ工業株式会社』（コーポレートサイト）とBtoC向けの『必殺めっき職人』にサイトを棲み分けるなど、ユーザーニーズに沿っ

たコンテンツ展開をしています。

　コンテンツ量やコンテンツのおもしろさという指標も無視はできませんが、むしろ見るべきは「ユーザーがどんな状況でメッキ加工を求めているか」です。

　自社の持つ専門知識を提供することももちろん重要ですが、ユーザーは「加工の過程」や「メッキの種類」よりも、「どうやって錆を消すか」「どういうメッキをするのが適切か」といった解決策がほしいのです。ユーザーはメッキがほしいのではなく、メッキで何かを直したり加工したりしたいのです。

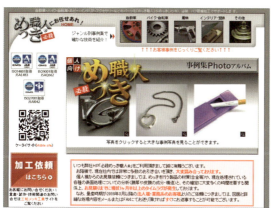

必殺めっき職人（BtoC）
http://sos.sanwa-p.co.jp/

コンテンツの類型化と目標とのすり合わせ

　コンテンツマーケティングの成功事例を参考にするとき、その施策や結果ばかりを追ってマネをしても、決してよい結果は期待できません。重要なのは、自社がユーザーとどのようにしてコミュニケーションを図りたいのか、また、そのためにどんな型のコンテンツを作成していくべきかを意識しておくことです。

　コンテンツを継続的に配信しているものの、どうもうまく回せていないという場合は、現状のコンテンツを4つの型に類型化してみることをオススメします。そして、改めて目標（KGI、KPI）と照らし合わせ、それぞれの特性がうまく機能しているかどうか、再確認してみるとよいでしょう。

最もアピールできる自社の「型」を見極めて
コンテンツを考えましょう。

コンテンツの4つの型　197

6-2

ニーズとシーズから
コンセプトを導く

根拠に基づいたコンテンツ

コンテンツ案を考えるとき、個々人の思いつきだけに頼っていると、方向性がブレたり、本来の目的を見失ったりすることがよくあります。属人的になってしまうと、なかなか安定してよいコンテンツを生み出していくことはできません。特にクライアントがあるコンテンツ制作の場合、なぜそのコンテンツがユーザーに訴求できるのか、その根拠を示さなければなりません。そのためにコンテンツ案や企画を考えるときは、体系立てて論理的に展開する必要があります。

ここでは、思いつきに左右されない「根拠あるコンテンツ」の作り方について説明します。

3Cから考えるコンセプト

「3C分析」というマーケティングの基本から企画を考える手法があります。3Cとは、Company（会社）、Customer（顧客）、Competitor（競合）の頭文字からとったものです。

現在の状況を、この3つの側面から分析していきます。具体的には、Company（会社）のSWOT分析とCustomer（顧客）のペルソナ設定、そしてCompetitor（競合）と比較したときの自分の立ち位置を示すポジショニングマップの作成です。そうすることで、ユーザーに対してどのように自分をアピールするのが一番効果的かが浮かび上がってきます。

そこで、ユーザーが求めていること（ニーズ）と自分自身がユーザーに与えられること（シーズ）を洗い出します。その接点こそがアイデアの骨子となるコンセプトとなります。これは、「誰に、何を、どのように」伝えるかを明確にし、その方向性がブレないために必要な憲法のようなものです。このコンセプトが決まったら、次は具体的なアイデアの出し合いをします。

SWOT分析

　コンセプトを考えるには、まず情報を発信するあなた（企業）の実態の客観的な分析と、ターゲットにしたいユーザーのペルソナを設定する必要があります。そして、情報を発信するあなたの実態を洗い出すのによく使われる手法が「1-2　あなたは誰？」(p.007)で紹介したSWOT分析です。

　ここでは、日本のプロ野球を例にSWOT分析をしてみましょう。

● **Strengths（強み）**
- ・日本で一番メジャーなスポーツ
- ・高校野球人気
- ・国民的娯楽としての伝統と歴史
- ・絶え間ないスターの台頭

● **Weaknesses（弱み）**
- ・視聴率低下に伴うテレビ放映の激減
- ・観客動員数の伸び悩み
- ・赤字経営
- ・選手の年俸の高騰

● **Opportunities（機会）**
- ・地方球団の人気定着
- ・2020年東京オリンピックの正式種目に決定
- ・絶え間ないスターの台頭
- ・CS放送やネットによる全試合中継

● **Threats（驚異）**
- ・選手のメジャーリーグへの流出
- ・若者の野球離れ
- ・他スポーツの台頭
- ・趣味の多様化

ニーズとシーズからコンセプトを導く　199

Strengths 強み	Opportunities 機会
● 日本で一番メジャーなスポーツ ● 高校野球人気 ● 国民的娯楽としての伝統と歴史 ● 絶え間ないスターの台頭	● 地方球団の人気定着 ● 2020年東京オリンピックの正式種目に決定 ● 絶え間ないスターの台頭 ● CS放送やネットによる全試合中継
Weaknesses 弱み	Threats 脅威
● 視聴率低下に伴うテレビ放映の激減 ● 観客動員数の伸び悩み ● 赤字経営 ● 選手の年俸の高騰	● 選手のメジャーリーグへの流出 ● 若者の野球離れ ● 他スポーツの台頭 ● 趣味の多様化

日本のプロ野球のSWOT分析

ペルソナ設定

　次に、「誰に」伝えたいのかを明確に決める「ペルソナ」を設定します。ペルソナ設定は、企業とファン（ユーザー）との間に強い絆を結ぶ共通点を見出すのが目的です。この共通点こそが、ユーザーに共感を抱かせるためのコンセプトとなるので、ここは粘り強く探さなければなりません。具体的な手法については、「1-3　誰のため？」(p.013)を参照してください。

　単にファンの年齢や収入、趣味などの「基本特性」を設定するだけではコンセプトを見つけ出すことはできません。もう少し掘り下げて、ファンの「意識特長」と「行動特長」も抽出します。近年は「カープ女子」が注目されているように、女性ファンを取り込んでいくことがプロ野球を盛り上げるカギを握っています。そこで、若い女性をターゲットと定め、ペルソナに設定します。

● 基本特性
　・女性
　・28歳
　・独身
　・年収400万円
　・都会もしくは都市近郊在住
　・趣味はショッピングや料理くらいで特にハマっていることもない

●**意識特長**

最近、草食系のヤワな男性ばかりで、なんかモノ足りない。かといって私自身が自分から攻めるタイプでもないし。スポーツをやっている男性は健康的だし、根性もあって仕事もできそう。やっぱりスポーツ男子はいいな。特にプロ野球選手なんて、健康的でお金持ち。おまけに最近はイケメンも増えているらしいし。

●**行動特長**

女子アナばかりが、なぜプロ野球選手と結婚するの？　職場結婚みたいなもの？出逢う機会さえあれば、私にだってチャンスはあるかな!?　どうしてプロ野球選手がモテるのか研究してみようかな。そうだ、ファンクラブに入ってみよう。プロ野球を観に行って、あわよくば!?

シーズとニーズの接点を探す

ここまでで、おおよその「基本特性」「意識特長」「行動特長」が揃いました。では、SWOT分析から導き出されるプロ野球の「シーズ」とペルソナ設定から導き出されるファンの「ニーズ」からコンセプトを考えます。

まずはプロ野球のSWOTを振り返ってみましょう。Weaknesses（弱み）とThreats（脅威）を凌駕するコンセプトを立てなければなりません。

Strengths（強み）とOpportunities（機会）から、訴求ポイントを抽出してみます。

●**抽出した訴求ポイント**
- ・絶え間ないスターの台頭
  - →ブレないスターの獲得戦略
  - →独自の選手育成
- ・地方球団の人気定着
  - →地元密着の訴求
  - →独自のファンサービス

近年、フランチャイズを東京から札幌に移して一躍人気球団になった日本ハムファイターズは、この強みと機会を活かした戦略で成功した好例でしょう。

一点集中主義で強硬突破を狙う

　そこで、一点集中突破を狙うことにします。ここが重要です。それがコンセプトを考えるときに最も重要なカギを握るからです。

　たとえば「シーズ」と「ニーズ」から見つけ出したキーワードを「セレンディピティ（偶然の出逢いが生む幸福）」とします。

　次に挙げたのは、キーワードから導き出したメディアコンセプトの一例です。

プロ野球選手だってふつうの恋をしたい

恋も野球も感動があるからやめられない！

　コンセプトが固まったら、次はそのコンセプトに沿って具体的なコンテンツを考えていきます。そのために、まずは「セレンディピティ」に関するリサーチを行い、「ニーズ」と「シーズ」を再び抽出していきながら、ファンを狙って興味・関心を惹きそうなコンテンツに仕上げていきます。

　「セレンディピティ（偶然の出逢いが生む幸福）」に繋がる切り口としては、次のようなキーワードが抽出できます。

球団マスコット情報、野球選手の結婚観、恋愛観、家庭、子供、地元出身スター、地元ファンとの交流、二軍情報、出身高校情報

　では、整理してみましょう。

１ SWOT分析
　企業の実態を客観的に分析
２ ペルソナ設定
　ターゲットにしたいユーザーを設定

3 ニーズとシーズ
　企業の提供できることと、ターゲットが求めることの接点を見つける
4 メディアコンセプト
　コンテンツを制作する上での憲法作成
5 リサーチ
　コンテンツを制作するための情報収集
6 コンテンツ制作
　ターゲットが求める情報を提供する

　ここまでコンセプトの考え方について紹介しましたが、コンテンツを制作する際には、この 1 〜 6 のプロセスに従って考えてみてください。きっとターゲットのハートを射止めるチャンスが広がるに違いありません。

根拠に基いて、効率よくコンテンツを制作しましょう。

6-3 エバーグリーンコンテンツが求められる理由

賞味期限の長さによるコンテンツの役割の違い

　コンテンツには、賞味期限の短いものと長いものがあります。いわゆる速報性が重視されるニュースは賞味期限がとても短いコンテンツの代表です。広告やキャンペーンは瞬発力が強いので認知獲得には効果的ですが、持続性に欠けるため賞味期限の短いコンテンツになります。

　一方、賞味期限の長いコンテンツは、エバーグリーン（常緑）コンテンツとも呼ばれ、鮮度やバイラルに頼らなくても、ユーザーが気になったときにいつでも読むことができる良質なコンテンツのことです。辞書やＱ＆Ａは、その典型でしょう。蓄積型でもあるため、コンテンツマーケティングととても相性がよいコンテンツです。次に示した図が示すように、長期的に積み重ねていくことで、じわじわと効果を発揮するのが最大の特長です。

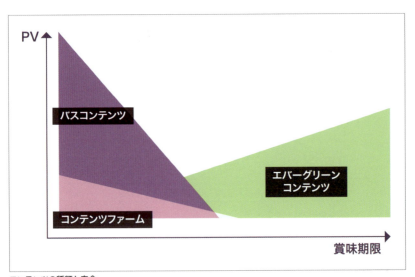

コンテンツの種類と寿命

ただし、エバーグリーンコンテンツも、作り方を誤ると、あっという間にコンテンツファームになってしまうので注意しなければなりません。コンテンツファームとは、誰の役に立っているのかわからない、質が低いコンテンツのことです。丸々コピペをしたものからステマまで、その中身はさまざまですが、最も多く見られるのは、既存のコンテンツを元に書き直した二次情報コンテンツです。

コンテンツファームは、うまくいっていないオウンドメディアの元凶となっている場合が多く見られます。あなたがクラウドソーシングなどを利用して、安価な記事を大量生産していて想定した結果が出ていないとしたら、コンテンツファームになっている可能性があります。情報源が不確かで、誰が書いたかわからないような二次情報を量産しているのであれば、今すぐ見直すべきです。量産すれば、検索で上位表示され、ある程度のPVは稼げるかもしれません。しかし、いくらPVが増えてもターゲットではないユーザーが増えるだけでは、長期的にはほとんど意味はありません。つまり、そのコンテンツは誰にも愛されていないのです。

予算の少ない企業が、安価で大量のコンテンツ制作に頼ってしまうのも致し方ないのかもしれませんが、安い買い物はかえって高くつくものです。誰も勝者になれないコンテンツファームからは早急に脱出すべきなのです。

集客と愛されることは違うのです。

たとえば、次のようなキャッチコピーについて考えてみましょう。

- 恋の悩みを解決する10の方法
- 肌荒れの意外な原因を発見して悩みを解消する5つの方法
- ライバルに差をつけよう！ 合コンでモテるためのテクニック

これらは、女性にとって永遠のテーマという意味でエバーグリーンコンテンツといえそうです。しかし、このような既視感の強いキャッチコピーや、読んでみたら期待はずれの薄い内容では、ユーザーの信頼を得てエンゲージメントを強めるのは難しいでしょう。たしかに「恋愛」「美容」「出逢い」などは、女性にとって流行に左右されない重要なテーマです。とはいえ、無署名のありふれた二次情報のコンテンツでは、通りすがりに読まれることはあっても、ファンになってもらえません。

エバーグリーンコンテンツは、コンテンツマーケティングと非常に相性のよいものです。しかし、コンテンツファーム化してしまうと、ユーザーとエンゲージメントを築くという、コンテンツマーケティング本来の役目を果たせません。PVだけを追いかけて読み捨てされるコンテンツをやみくもに大量生産するオウンドメディアが、ユーザーに愛されることは決してないのです。

エバーグリーンコンテンツが求められる理由　205

	コンテンツファーム	バズコンテンツ	エバーグリーン
目的	集客	集客、拡散	集客、エンゲージメントの強化
方向性	量優先	質優先	質優先
期間	長期	短期	長期
新規制作の頻度	高い	低い	高い
ターゲットとの関係性	弱い（一過性）	弱い（一過性）	強い（持続性）
コンテンツの種類	二次情報	オリジナル（ニュース、おもしろ系）、広告、キャンペーン	オリジナル（Q＆A、辞典、ハウツー、課題解決）

各コンテンツの特徴

エバーグリーンコンテンツに欠かせない
「広さ」と「深さ」と「やさしさ」

　では、ユーザーに愛されるエバーグリーンコンテンツとは何でしょうか？　それは「広さ」と「深さ」と「やさしさ」の3つの要素を満たしたコンテンツです。

広さ

　「広さ」とは、市場で普遍的に求められているコンテンツの領域のことです。ユーザーの課題を解決し、欲求を満たすような明白なニーズがあることが必要です。その領域においてユーザーが興味を持っているコンテンツなので、定期的に発信する必要があります。

　たとえば、先にも例に挙げた三和メッキ加工は、月間約15万セッションで、毎日ほぼ10件程度の問い合わせがあるといいます[1]。同社が最初に手がけたコンテンツは「めっきQ＆A」で、最小限の労力で、かつ自社が持つノウハウを最もユーザーの役に立つ形で提供できるということから始まりました。今では「めっきQ＆A」だけで常時4,000〜6,000記事があり、情報量では競合他社を圧倒し、すべての仕事を受け切れないほどの盛況ぶりだとのことです。10年以上の歳月をかけて蓄積したエバーグリーンコンテンツが、会社経営に勢いをもたらした好例です。

[1]　『Web Designig』2015年11月号、p.047

また、「お客様の悩みを解決する」をコンセプトに立ち上げられた『町田美容院の知恵袋』は、店長自らが長年の経験で蓄積した毛髪理論や薬剤知識をもとに髪の質問や悩みに答えるオウンドメディアです。中でも700本以上の回答を揃えた「Q&A」は、長期にわたって安定した人気を誇るコンテンツとなっています。また、LINE@やFacebook、Instagramなどのソーシャルメディアで気軽に質問してもらい、店長自らが丁寧に答えているのも、広く拡散した大きな理由でしょう[※2]。

町田美容院の知恵袋
http://kazuhirouno.jp/

　コンテンツ制作には、時間とコストがかかります。「質」と「量」のバランスに悩む人も多いはずです。しかし、「広さ」を確保するために量を重視しても、Web上を漁ってコピペするだけのコンテンツファームには、価値は生まれません。ニーズに沿わない内容の薄いコンテンツを大量生産してもほとんど意味はないのです。そこで、「広さ」を担保したQ&Aコンテンツにも、三和メッキ加工や町田美容院のように、専門性に裏打ちされた「深さ」が必要になってきます。

深さ

　「深さ」とは、競合他社との違いを生み出せるコンテンツです。つまり、ユーザーが興味・関心を示しているものの、競合他社はその興味を満たせない、自社でしか提供できないようなコンテンツのことです。

※2　『Web Designing』2016年10月号、p.076

たとえば、以前私が取材した、教育事業を展開する恵学社のオウンドメディア『STUDY HACKER』は、「学び」に関するノウハウや体験記など、さまざまなコンテンツを提供しています。広告は一切利用せず、受講生のほとんどは『STUDY HACKER』を通じて訪れるとのこと。特に人気が高い企画は、指標にしている「いいね！」が数千超えることが多いという、受講生と担当トレーナーの対談記事です。入塾から大学合格までの過程や、3カ月でTOEICのスコアを400点上げたノウハウなど、7,000字近いボリュームで徹底的に掘り起こして紹介しています。このインタビューは、まさに恵学社の「生の事例」といえます。

　恵学社代表取締役の岡健作氏は、その手応えを語ります[※3]。

> 『STUDY HACKER』上の記事のみで集客を行っていますので、その点では非常に貢献してくれています。実感した大きなメリットは、長い文章で読者の方に納得できるまでじっくりと読んでもらえる場（メディア）がある、ということです。一過性の広告ではここまで深く理解してもらうことは難しいですからね。また広告で認知獲得ができればすぐ来てもらえるというわけでもないので。何かしら勉強をしたいという6万人の潜在顧客（Facebookページのファン）に向けて濃い情報を提供できていることが大きいと思っています。

　恵学社はSLA（第二言語習得研究）というメソッドを導入した独自の学習方法で急成長を遂げていますが、そのノウハウをメディアでも徹底的に「深く」訴求しています。

STUDY HACKER
http://studyhacker.net/

※3 『UIDEAL～インタビュー記事で理解を深めて送客を実現、学生ライターの教育にもこだわる「STUDY HACKER」事例』(ナイル株式会社)：https://uideal.net/blog/01/462/ より一部抜粋。

チーズタルト専門店として人気のBAKEが運営するオウンドメディア『THE BAKE MAGAZINE』もまた、量より質（深さ）を優先したメディアとして成功した好例です。高い質を維持するため、記事の配信は週に2回程度に留めています。それでも立ち上げて1年で10万PVに成長しています。ケーキを買う顧客に向けたBtoCではなく、BtoBメディアとしてターゲットを絞り込んでいることもあり、今後も、PVではなく質の向上と充実を最優先していくとのことです。

THE BAKE MAGAZINE
http://www.bake-jp.com/magazine/

　コンテンツマーケティングにおける最強のコンテンツは、自社の商品やサービスに紐づいた専門性や独自性を備えていることです。自社が持つノウハウを反映したコンテンツ、社内の専門家による一次情報に勝る強いコンテンツはないのです。

やさしさ

　BtoB企業によるコンテンツは、専門家同士のビジネスゆえ、わかる人だけがわかればいいというスタンスになりがちです。しかし、ビジネスがアウトバウンドからWebを中心としたインバウンドにシフトしつつある昨今、「やさしさ」がますます重視されるようになってきています。「やさしさ」は、顕在層だけでなく、広く多くの潜在層に届けるためにも欠かせません。

　前述の三和メッキ加工が運営するBtoC向けのオウンドメディア『必殺めっき職人』や、東海バネ工業の『ばね探訪』などは、UIも親しみやすく、一見地味な業界の商品・サービスについて、思わず拡散したくなるような楽しくやさしいコンテンツが充実しています。

ばね探訪
https://tokaibane.com/bane-tanbo/

エバーグリーンコンテンツの有効活用

　「広さ」と「深さ」と「やさしさ」の条件を兼ね備えたエバーグリーンコンテンツを作ることは難しいのでしょうか？　少なくともコスト面での障壁は、さほど高くはないと思ってよいでしょう。なぜなら、良質なエバーグリーンコンテンツは、お金をかければできるというわけではないからです。むしろ求められるのは、コンテンツを作る情熱と知恵です。バイラルコンテンツは、仮にバイラルさせらせることに成功しても、必ずしも顧客育成に繋がるとは限らないので、費用対効果はあまり高くありません。

　エバーグリーンコンテンツには、再利用が可能という大きなメリットもあります。特にユーザーから高い支持を得たコンテンツは、時期やチャネルを変えることで、再び活用することができます。キャッチコピーを変えてFacebookに再投稿したり、ブログではあまり読まれなかった記事をSlideShareで共有したらバイラルするという現象もよく起きます。

　エバーグリーンコンテンツを活かすには、ここで紹介した各事例のように、まずオリジナルであることが最低条件です。「そんなオリジナルコンテンツなんて簡単に作れない」と思われるかもしれませんが、どんな企業にも必ずオリジナルの素材は埋もれています。あとは、それをどのように見つけ、どのように演出するかだけなのです。「広さ」と「深さ」と「やさしさ」は、その演出方法にすぎないのです。

広く、深く、やさしく。
それが長持ちコンテンツの秘訣です。

6-4

コンテンツの質を見極める

質の種類もいろいろ

質のよいコンテンツとは何でしょうか？　逆に、質の悪いコンテンツとは何でしょうか？

一昔前は「三高」(高学歴、高収入、高身長)というのが結婚相手の条件としてよくいわれました。それに、イケメンや美女が加われば文句なしでしょう。これも「質」の基準の1つかもしれません。しかし、それだけで質を表すことはできません。

新聞や雑誌、テレビといったメディアによっても基準が違いますし、同じ雑誌でも『週刊文春』と『週刊プレイボーイ』の求める質が違うことは明らかでしょう。企業のオウンドメディアなどでは、クライアントのWeb担当者とコンテンツ制作者とで「質」の基準が違うことは多々あります。コンテンツ制作者とライターで「質」に対する考え方が異なることもあります。

特にWebメディアでは数字至上主義に偏る傾向が強いので、「PV数を稼ぐ」コンテンツが、すなわち「質のよい」コンテンツと見なされがちです。

それほどコンテンツの質を「良し悪し」で計るのは難しいのです。

「強弱」で計る5つの質

コンテンツマーケティングにおいて、「心を動かす、愛されるコンテンツ」を作らなければいけないことは頭で理解できても、それは実際にどういうものなのだろうか？という疑問が出てくるのは当然でしょう。制作するときにも、ある程度の指標がないと、コンテンツの質を見極めることは難しいものです。

次に示すのは、コンテンツの種類を力の「強弱」でA〜Eに分類したものです。Aが最も強く、Eが最も弱いというスケールです。もちろん、Aの取材記事でも「弱い」コンテンツは存在します。ここでは、あくまでも「強さ」を極めることができる手法と考えてください。Eのコンテンツは、どんなに工夫しても強くはならないという意味です。

- **A：オリジナル**　自分の足や目や耳を使って書く
- **B：オピニオン**　自分の専門分野を独自の切り口で書く
- **C：キュレーション**　Webで集めたネタに独自の切り口を添えて書く
- **D：アレンジ**　Webで拾ったネタを編集し直して書く
- **E：コピペ**　Webで拾ったネタを適当にコピペして書く

それでは、EからAへと弱い順に説明していきましょう。

E：コピペ

ある健康メディアの仕事で「汗、涙、声、おなら」など、「出す」ことが健康とどんな関連性があるかをWebで調べていたのですが、その多くが**D：アレンジ**と**E：コピペ**の記事ばかりでした。探している情報はたくさん出てくるものの、どの記事も同じような内容で、しかも出典元や著者がほとんど明記されていません。お互いにコピペし合っているであろうことは想像に難くありません。

特に健康に関する記事は、ユーザー（読者・消費者）の利益を守るため、「医薬品医療機器法」などの制約もあり、記事にする上で表現にとても神経質にならざるを得ません。それゆえに記事にするのがとても難しいのですが、私が目にした記事のほとんどは、署名も出典元もないまま、まことしやかに書かれていたのです。Googleはユーザーの利益になる良質なコンテンツを優先して上位表示するように随時改良されていますが、**A：オリジナル**のような記事が少ないテーマやジャンルの場合は、まだまだ**D：アレンジ**や**E：コピペ**の記事が上位に表示されてしまうという現状があります。

D：アレンジ

最近のキュレーションメディアの多くは、このアレンジによるコンテンツが大半を占めます。検索の上位表示を狙って、クラウドソーシングなどを利用して、大量のコンテンツを安く生産します。担当者1名で毎日10本毎月300本の記事を更新していくのも珍しくないのです。中には、1本1万～2万字の記事を毎日100本更新するという例もあります。そんな状態では、コンテンツの品質を保てるはずがありません。

C：キュレーション

現在では、多くのキュレーションメディアが、この手法でコンテンツを配信して

います。自らが取材した完全なオリジナル記事ではありませんが、新しい視点や切り口で既存の記事を違ったアプローチで紹介するという形式です。何らかの軸（ジャンル、テーマ、価値観など）に沿って記事を集約したり、まとめたりします。低コストで済むのが最大のメリットです。スマートフォンの普及の影響もあり、世の中のコンテンツの消費の仕方が「つまみ食い」が主流になってきているのも、キュレーションメディアが全盛期を迎えている理由の1つでしょう。

B：オピニオン

オピニオンは、エッセイやコラムなどで自分の専門分野について書いたり、独自の視点で意見を述べたりするコンテンツです。『NewsPicks』[※4]のように識者のコメントが大きなウリとなっているニュースメディアもあります。**A：オリジナル**の次に強いコンテンツとしましたが、これは必ずしも「良し悪し」で計れない典型的なコンテンツです。特に、インフルエンサーと呼ばれる人たちが書く記事は、その内容の質に関係なく、コンテンツ力がとても強いことが多いからです。

決して質が高いとはいえなくても、商品化する価値のあるコンテンツ力の強いブロガーも数多くいます。いわゆる炎上マーケティングといわれる話題喚起を狙って計算されたものであれば、「強い」という言い方はできると思います。質の良し悪しはともかく、多くの人を刺激し、読ませる吸引力があるので、コンテンツ力は強いといえるのです。

「愛する」の反対が「嫌う」ではなく「無関心」といわれるように、多少稚拙な文章でも、あえて炎上しそうな問題を提起したり、嫌われたりすることによって、強いコンテンツ力を持たせることができるのです。

A：オリジナル

必ずしも「オリジナル＝一次情報」というわけではありませんが、取材が前提となる一次情報はオリジナルのコンテンツを作りやすいのも事実です。先述した「汗、涙、声、おなら」について記事を書こうと思ったとき、私は**D：アレンジ**と**E：コピペ**の記事が溢れる中から、忍耐強く医師の名前が明記されている記事を探し、その記事を書いた医師に取材依頼をして、直接お話をうかがうことにしました。それは、責任の所在を明らかにするためと、できるだけオリジナルの貴重な情報をユーザー

[※4] **NewsPicks**：経済情報に特化したニュース共有サービス（アプリ／Web）。90以上のメディアから配信されたニュースのほか、NewsPicks編集部が作成するオリジナル記事もある。有識者がつけたコメントとニュースを一緒に読むことができるのも特徴。また、自分の興味ある分野を登録したり、有識者をフォローすることで、利用者ごとに特化された記事構成になる。https://newspicks.com/

コンテンツの質を見極める　213

に提供したいという意図からです。つまり、こういった記事が**A：オリジナル**と呼べるコンテンツです。

では、あらゆるメディアは**A：オリジナル**のコンテンツを揃えるべきかというと、予算やリソースなどの問題で簡単にできない現実があります。とはいえ、すべての記事が**D：アレンジ**と**E：コピペ**で埋まっていたら、そのメディアの先は長くはありません。

質の強弱を組み合わせる

予算はないけれど、検索やソーシャルメディアからの流入はほしい、できればキュレーションメディアやターゲティングメディアに掲載されたいと考えている場合、どうすればよいでしょうか。あなたの会社が実際にオウンドメディアを運営し、コンテンツを配信していくなら、どの種類のコンテンツを制作していくべきか決めなければなりません。

たとえば毎月50万円の予算で記事を制作するとします。その場合、次の4つのパターンのうち、どれを選びますか？

- **A：強いオリジナルのコンテンツを10本**
  50万円＝5万円×10本／5,000字
- **B：インフルエンサーによるオピニオンコンテンツを10本**
  50万円＝5万円×10本／3,000字
- **C：ほどほどの強さのキュレーションコンテンツを50本**
  50万円＝1万円×50本／3,000字
- **D：Web上でかき集めた弱いコンテンツを100本**
  50万円＝5,000円×100本／2,000字

私なら、A、B、Cを次のように組み合わせるでしょう。

- **A：強いオリジナルのコンテンツを5本**
  25万円＝5万円×5本／5,000字
- **B：インフルエンサーによるオピニオンコンテンツを2本**
  10万円＝5万円×2本／3,000字
- **C：ほどほどの強さのキュレーションコンテンツを15本**
  15万円＝1万円×15本／3,000字

214　**6　知らぬは損だが役に立つWebコンテンツの真実**

A：オリジナルだけではリーチしたいターゲットに届くのに時間がかかりすぎるし、**B：オピニオン**だけではエンゲージメントに繋がりにくく、**D：アレンジ**や**E：コピペ**はユーザー離れを引き起こすリスクが伴うからです。長期的には**A：オリジナル**と**C：キュレーション**が、短期的には**B：オピニオン**が有効だと考えます。**A：オリジナル**はバイラルコンテンツでない限り、流入数確保の効果がすぐには期待できません。**B：オピニオン**の1つであるインフルエンサーによるコンテンツは集客力が強く、短期的にユーザーを集めることができるかもしれませんが、あなたの会社の商品・サービスと親和性が高いとは限りません。そのため、集客ができてもエンゲージメントには繋がらない可能性もあります。**C：キュレーション**は、ある程度のコンテンツ量が蓄積しないと効果は出てきません。

　コンテンツ制作の予算は無限ではありません。とはいえ、予算が少ないからといって安易に**D：アレンジ**や**E：コピペ**の記事をかき集めて量で勝負することだけは絶対避るべきです。あなたが==コンテンツを制作する理由は、Googleや広告主のためではなく、ユーザーに愛されるコンテンツを提供するため==なのです。

やみくもに大量生産するのではなく、目的に合った質の高いコンテンツを効率よく制作しましょう。

6-5

コンテンツマーケティングが失敗する5つの理由

コンテンツマーケティングの理解不足から起こる失敗

なぜコンテンツマーケティングを実施しても失敗する企業が少なからずいるのでしょうか？

コンテンツマーケティングが失敗するのは、予算配分の難しさや体制の不備、リソース不足、外注パートナーの選び方など、さまざまな理由が考えられます。しかし、最大の原因はコンテンツマーケティングの理解不足にあります。どんなにリソースと費用を投じても、コンテンツマーケティングの理解が間違っていれば、失敗は避けられません。

主な原因には、次の5つのことが考えられます。

1. 自社の商品やサービスの宣伝に終始している
2. 明確なゴールを決めていない
3. 質より量を優先している
4. Googleを欺こうとしている
5. バイラルすることが成功の基準と考えている

では、順番に説明していきましょう。

1 自社の商品やサービスの宣伝に終始している

あなたのサイトでは、たとえば、こんなキャッチコピーを使っていませんか？

比類なき戦略思考力と実践力で徹底的に利益を追求します。

洗練されたスタッフだから、確実に要望に応えるサービスを提供できます。

---

216   6   知らぬは損だが役に立つWebコンテンツの真実

でも、あなたが実施しようとしているのは、コンテンツマーケティングなのです。改めてコンテンツマーケティングの定義を振り返ってみましょう。

> **コンテンツマーケティングとは、ターゲットにとって価値のあるコンテンツを、適切なタイミングで届け、ターゲットを惹きつけ、信頼関係を築き、購買に結びつけることを目的とする。**

コンテンツマーケティングの定義を踏まえて、先のキャッチフレーズをもう一度見てみましょう。このキャッチコピーは、「ユーザー視点の適切で価値のあるコンテンツ」を提供していないことに気づいたはずです。ユーザーは、あなたのサイトを訪問したときに、すでに何かしらの解決したい課題を抱えています。そのときに、ユーザーの課題を想定した入り口が必要になるのです。自社都合の一方的な主張（しかも具体性がない）をしても、ユーザーはどのような反応をすればよいのかわからないのです。

ここではキャッチコピーを例に挙げましたが、企業がコンテンツマーケティングを実施する上で、この「ユーザー視点」が反映されてないことが意外に多いのです。多くの企業は自社のアピールに躍起になるあまり、こういう一方的な主張をしがちです。これは、合コンで「オレ、モテるよ」「オレ、おもしろいよ」「オレ、カッコいいよ」と連呼しているのと同じです。こんな主張を聞かされて、あなたは「なるほど、ステキ！」と惹かれるでしょうか。

コンテンツマーケティングを通して商品やサービスを紹介すること自体に問題はないのですが、ユーザーは、商品を通して自分にどのようなメリットがあるかを知りたいのです。自分の役に立てば、どの企業の商品やサービスであろうと構わないのです。企業が自社の商品を魅力的なものとして訴求するのは当たり前なので、ユーザーは企業の発信する具体性のない美辞麗句のメッセージを鵜呑みにはしません。

コンテンツマーケティングにおいては、==「コンテンツ＝広告」ではありません。「コンテンツ＝ユーザーが求める情報」==なのです。

❷ 明確なゴールを決めていない

コンテンツマーケティングは、基本的にはユーザーとのエンゲージメント（信頼関係の構築）を目的に、中長期的な戦略に則って進める施策です。

企業の目標は商品やサービスの売り上げを増やして利益を出すことです。コンテンツマーケティングは広告・宣伝の売り上げへの貢献度が薄れてきている中で注目

され始めた考え方ですが、費用対効果の予測が立てにくいのも事実です。コンテンツマーケティングにどれだけ投資したら、どのくらいの売り上げに繋がるか、相関関係を出すのが難しいため、ゴール(KGI)の設定に苦労するのです。しかし、ゴールを設定しない施策は、運営をしていく中で必ず迷走します。ゴールは途中で変更しても構いません。まずは小さなゴールで差し支えないので、必ず目指す方向を設定しましょう。

たとえば、「より深い信頼関係を築く」のか「新しい見込み客を獲得する」のか、「見込み客に対して課題解決を提供する」のか、「商品やサービスを売ったあとの顧客のリピーター化」なのか……など、「何のためにやるのか」を明確に定める必要があります。そのゴールさえ決まれば、あとはそこを目指すための個々のKPIを設定していくだけです。

KPIは、各ファネル(訪問客→見込み客→新規顧客→優良顧客)に合わせて、メールマガジンの開封率や被リンク数、ファン数、コメント数、PV、UUなど、設定したゴールに向けてPDCAをきちんと回せるように設定します。

PVやUUやいいね!数は、あくまでもゴールを目指す上での「指標」であって、「成果」ではありません。重要なのは、コンテンツマーケティングを実施する前に「何のためにやるのか?」を十分に考えておくことです。

そこで、ゴールを目指すときに、迷走しないために役に立つのが「SMARTゴール」という考え方です。「SMART」は、それぞれの指標の頭文字を繋げたものです。

- **Specific（具体的に）**
  「なぜ」「何を」「誰に」「どうやって」が、具体的かつ明確であること
- **Measurable（測定可能か？）**
  目標の達成度が誰にでも判断できるように測定可能であること
- **Achievable（達成可能か？）**
  理想論や願望ではなく、その目標が現実的に達成可能であること
- **Relevant（経営目標に関連しているか？）**
  会社の利益に繋がり、実現する必要性があること
- **Timely（時間設定をしているか？）**
  いつまでに目標を達成するか、その期限を設定すること

少なくとも、このSMARTゴールを踏まえておけば、目標を見失って迷走することは避けられるはずです。自社が「なぜ」「誰に」「何を」「どうやって」を伝えるのか、明確でないならば、改めてコンテンツマーケティングを行うべきか、やるならどうすればよいかを議論を重ねた上で実施するべきでしょう。

❸質より量を優先している

　コンテンツ制作において「質」ではなく「量」を重視している企業は、往々にして二次情報の寄せ集めのコンテンツの配信に終始しがちです。先にも説明したように、このような情報を「コンテンツファーム」といいます。

　コンテンツファーム化することによって、同じ業界・同じジャンルで同じような記事が氾濫することになります。その結果、ユーザーが本当にほしい情報を探しても、どこにでもある質の低いコンテンツにしか遭遇できないという状況を招きます。安価で大量生産に向かいがちなコンテンツ制作は、自らその価値を貶める行為で、安かろう悪かろうというコンテンツの大量生産のワナにハマっていくのです。

　ある企業がクラウドソーシングを通して1本800円で「コンテンツマーケティングに関する記事」を書くライターの募集をしていました。あなたは1本800円で書かれたコンテンツマーケティングに関する記事を読みたいと思いますか？　1本800円ということは、最低賃金の時給アルバイトでも1時間で書き上げなければ採算が合いません。このような素人がお小遣い稼ぎに書くコンテンツが大量生産されているのです。そして、コンテンツファーム化したメディアが、「なかなか集客ができないので、この記事を読ませるための記事を作成してほしい」と、また同じような記事を再生産します。

　企業のオウンドメディアの多くは、広告収入を糧とする商業メディアのようにPVの呪縛に囚われる必要はありません。ユーザーに求められ、役に立つコンテンツの制作に注力すればよいのです。安く質の悪いコンテンツを大量生産するのであれば、同じ予算で量は少なくても質の高いコンテンツを作るほうがユーザーの利益になることは間違いありません。

　たとえば予算が10万円だった場合、Web上でかき集めた情報を適当にリライトした1本1,000円の質の低い記事を100本提供するのであれば、1本1万円で質の高い10本のオリジナル記事を作ってください。企業には、オリジナルのテーマが必ず埋まっています。オリジナルのネタがないのではなく、オリジナリティを見出せていないだけなのです。

❹ Googleを欺こうとしている

　コンテンツマーケティングは、比較的低予算で始められるのも大きなメリットです。リスティング広告での消耗戦に疲弊した企業が、コンテンツマーケティングに切り替えるケースも多く見られます。しかし、低予算でできるといっても、広告の代替策として考えると失敗します。

　ここで陥りやすいワナが「ユーザーの役に立つより、Googleを欺こうとする」こ

コンテンツマーケティングが失敗する5つの理由　219

とです。つまり、検索で上位表示されることが目的になってしまうことです。Googleは、ユーザーにとって最も「価値のあるコンテンツ」を提供することが自社の生命線と考えているため、「価値のあるコンテンツ」から順番に表示していくことを目標としています。とはいえ、Googleも常にアルゴリズムをアップデートして精度を高めているものの、まだ完璧とはいえません。

「価値のあるコンテンツ」は、必ずしも投下した費用に比例してすぐに成果（売り上げ）を出してくれるとは限りません。そこで、アルゴリズムの隙を突いて記事を大量生産したり、1記事を不自然に長くしたりして、コンテンツ本来の質を高めないで上位表示を狙うコンテンツ制作者もいまだに多くいるのです。

Googleが「価値のあるコンテンツ」を作るように呼びかけているにもかかわらず、一部の企業はその話に耳を傾けようとせず、ペテン師のごとくGoogleの裏をかこうと躍起になっているのです。

5 バイラルすることが成功の基準と考えている

バイラルとは英語で「ウイルス性の」を意味し、クチコミを利用して顧客獲得を図るマーケティング手法です。

コンテンツマーケティングは長期戦です。瞬発力が求められる短距離走を得意としていません。一方、バイラルコンテンツは瞬間的な認知獲得には長けていますが、長距離走は得意ではありません。時間をかけてユーザーとのエンゲージメントを醸成する目的には向いていないのです。

バイラルコンテンツを認知獲得のカンフル剤として組み合わせて使うことは手法の1つとして効果的でしょう。しかし、バイラルコンテンツを作るときは、「ユーザーとエンゲージメントを構築する」というコンテンツマーケティング本来の目的を見失わないように心がける必要があります。

以前、ある企業が製品訴求に根拠がないということでネット上で炎上したことがありました。この風評被害をコンテンツマーケティングで対処しようということでご相談をいただいたのですが、現場ではコンテンツを通してきちんと丁寧に向き合って説明をしていこうという方向性で話が進んでいました。

ところが、土壇場になって社長が出てきて「バイラルしなきゃ意味がない！」と言い出し、バイラルコンテンツを大量生産して、ネガティブな記事をGoogle検索の上位から追いやるという策に変更になったのです。これはSEOあるいはキャンペーンであるかもしれませんが、決してコンテンツマーケティングではありません。程度の差はあれども、このようにコンテンツマーケティングを「SEOもしくは広告の代替策として捉えている」企業は依然として多く存在しています。

コンテンツマーケティングが、絞り込んだターゲットに向けた施策を得意とするのに対し、バイラルコンテンツはターゲッティングは苦手なのです。であれば、最初からキャンペーンコンテンツを制作したほうが効率はよいでしょう。

　これらの5つの理由を見てわかるように、重要なのは「コンテンツマーケティングは、SEOや広告に代わる特効薬ではない」ということです。使い方も目的もSEOや広告とは違うのです。

　では、コンテンツマーケティングを失敗しないためには、どうすればよいのでしょうか？　それは、「ユーザーに愛されるコンテンツ」を提供することです（しつこいですが大切なことなので何度も言います）。難しいことではありません。少しずつでも我慢強く、時間をかけて愛されるコンテンツを育てていくことが、コンテンツマーケティングを成功させる唯一の方法なのです。

ユーザーに愛されるための近道はありません。
謙虚に控えめに。

6-6

パートナーの選び方

コンテンツマーケティング詐欺を見極める方法

　コンテンツマーケティングがWebマーケティングの救世主のごとく現れてから、5年以上の月日が経ちました。これまでコンテンツ制作と縁のなかった広告代理店、PR会社、SEO会社など、猫も杓子もコンテンツマーケティングのプロのような顔をして「コンテンツが大切だ」と声高に叫んでいます。「ユーザーに役立つコンテンツを」「モノを売らずに体験を売れ」「宣伝はするな」「信頼関係を築け」などなど、もっともらしいキャッチフレーズでコンテンツマーケティングを標榜する企業が急増しています。

　しかしこの数年、コンテンツマーケティングをやってみたけど、なんかうまくいっていないという企業が多いのも事実でしょう。

　これからコンテンツマーケティングを始めようと考えている、あるいは、すでに始めているが納得する結果が出ていないという場合、パートナー選びに悩んでいるようであれば、パートナー候補に次の2つの質問を投げかけてみてください。

質問1：1,000字の記事100本と1万字の記事10本。どちらを作ったほうがいいですか？

　どちらの回答だったとしても、自信満々に片方を選んで即答してきたら注意が必要です。SEO的に考えれば1万字の記事10本は効果的でしょう。しかし、深く読み応えのある記事とはいえ、1万字の記事を読ませるのはなかなか難しいのも事実です。BtoBかBtoCかによっても、その答えは違ってきます。

　逆に、キュレーションメディアのように「つまみ読み」を主としたBtoCのメディアなら、1,000字の記事100本で構わないでしょう。しかし、BtoBで深い情報を求めているユーザーには、1,000字の記事100本では物足りない可能性があります。読み応えのある1万字の記事のほうが役に立つと考えるのが理に適ってます。つまり、文字数と本数のバランスは、運営するメディアの特性によって変わってくるということです。

原稿料の安さと大量生産をウリにするクラウドソーシングを軸にコンテンツマーケティングを提唱している会社は、1,000字×100本を提案してくるかもしれません。彼らにとって、Web上でかき集めた情報をコピペして1万字の記事をアレンジするのは難しい作業だからです。専門性の高い深い記事を書けるライターの原稿料は、当然それ相応の値段になります。また、クラウドソーシングで、そのようなスキルの高いライターを探すのもなかなか困難です。なぜならスキルの高いライターは、決してクラウドソーシングで安売りはしないからです。

質問2：コンテンツの制作体制は？

企画や記事制作を外部に依頼する場合は、制作体制について詳細を確認しましょう。ユーザーに有益なコンテンツは、本来的には企業が持っているものです。それをユーザー視点で掘り出して見つけるのがパートナーの仕事です。あなたがバイラルコンテンツを求めていて、パートナー企業がバイラルコンテンツの制作が得意だとしたら、キャンペーンを実施するほうがよいでしょう。無理にコンテンツマーケティングを行うことはありません。

コンテンツマーケティングは、バイラル記事で認知獲得をすることが本旨ではありません。主は、あくまでも「ユーザーの課題解決」です。パートナーを選ぶときは、あなたの会社のことを根掘り葉掘り聞きたがるかどうかも基準の1つにしてください。おしゃべり上手より、聞き上手なパートナーを選ぶことが、コンテンツマーケティングを成功させるコツです。

そして、記事を書く執筆陣の詳細を確かめます。そのコンテンツマーケティング会社は、社内に編集者（コンテンツディレクター）とライターを抱えているのか、抱えていればどんな体制になっているのか、抱えていないなら、アウトソーシングしているライターは、誰がどのように管理しているのか……など。

もちろん、あなたが自らライターをディレクションできれば問題ありません。そのようなリソースを割くことができず、ディレクションまで含めて依頼する場合は、パートナーの誰（どんな職歴の人）がディレクションするのか、そしてきちんとディレクションできるノウハウとスキルを持っているのかを確認しましょう。

コンテンツマーケティングの要はコンテンツ制作です。コンテンツマーケティング施策については、どの企業も付け焼き刃の知識とこれまでの経験である程度ノウハウを語ることはできます。しかし、「コンテンツを作る」ことを生業としてきていないマーケティング会社は、アウトソーシングに頼らざるを得ません。そのこと自体は問題ないのですが、コンテンツはライターに発注すれば自動的に出来上がるも

のではありません。会社の事業をよく理解していないライターの無機質な文章より、文章が拙くても社員自らが語る愛のこもったメッセージのほうがユーザーには深く響くものです。要は、作られたコンテンツに「愛」があるかどうかなのです。

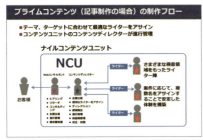 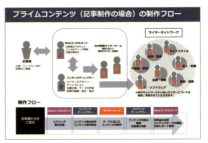

筆者がコンテンツマーケティングのコンサルタントとして従事している会社（ナイル株式会社）の記事制作体制

　ユーザーへの「愛」、商品・サービスへの「愛」、そしてコンテンツへの「愛」。この3つの「愛」なくして、コンテンツマーケティングは成立しません。「まとめ記事」や「バイラル記事」で一時的に集客できたとしても、それは認知獲得・集客を狙ったキャンペーンであり、決してユーザーとの信頼関係の醸成ではないのです。

　つまり、外注に依頼する場合、パートナー企業は、あなたと同等にあなたの会社のことを理解している必要があるということです。あなたの会社がオウンドメディアを運営する場合、「ユーザー視点の情報」を提供することになりますが、それが自社の売り上げに繋がらなければ意味はありません。ユーザー視点に立って、ユーザーのためになる有益な情報を提供するのは、長期的にはあなたの会社の商品・サービスへの信頼を担保するためです。

　外注のコンテンツマーケティング会社と組んでコンテンツマーケティングを実施するのであれば、「業者」という認識ではなく、あなたの企業のことを誰よりも詳しく理解している「パートナー」であるべきなのです。

　そのためには、パートナーとなる相手には何ができるのか、どんな体制を組んでいるのか、どんな執筆陣を確保できるのかなどを知っておくことは至極当然のことだといえるでしょう。

コンテンツマーケティングを謳う会社には、コンテンツの制作体制について徹底的に確認しましょう

224　6　知らぬは損だが役に立つWebコンテンツの真実

6-7

PV数を増やす方法と、その落とし穴

PV至上主義の光と影

メディア運営のお手伝いをしていると、KPIとして設定されることが圧倒的に多いのがPV数です。最近ではPV数をKPIとすることの是非が問われつつありますが、PV数以外に納得しやすい定量的なKPIが見つけられないのも事実です。

しかし、私自身、PV数だけを追いかけたことで過去に苦い思いをしたことがあります。その体験をお伝えしましょう。みなさんのお役に立てればと思います。

1,000万PVでビジネスが成立するか？

KPIは月間250万PVのメディアを月間1,000万PVにすること。

ソーシャルメディアが普及し始める直前の2009年〜2011年のことです。ある企業のメディア運営のお手伝いをすることになりました。クライアントは、それまでほかの制作会社と組んでいたのですが、半年間を過ぎても250万PVの壁を超えられず、その制作会社も「この予算では、これ以上は無理」と音を上げたそうです。そこで私が勤めていた会社に相談をいただきました。

当初はCMS※5を使ったブログメディアにしたいという理由で声をかけていただいたのですが、クライアント側の厳しいレギュレーションの壁があり、結局、CMSは使わず、これまで通りに毎回新たにページを制作することになりました。

更新は月1回、ターゲットは20〜30代のサラリーマン。メディアコンセプトは「忙しいサラリーマンへ、情熱と癒やしを」。与えられたKPIは、最低でも月間1,000万PVにすること。そうすれば広告収入のメドが立つからという理由でした。

もともと大手ポータルサイトからの流入があったので月間250万PVを確保できていたのですが、250万PVでは広告が取れないので、最低でも1,000万PV以上にしていきたいという説明でした。

※5　**CMS**：Content Management Systemの略。Webコンテンツを構成するテキストや画像、レイアウト情報などを一元的に編集・保存・管理するソフトウェアのこと。汎用のCMSとしてオープンソースの「WordPress」などが有名だが、有料で販売されているCMSや特定機能に特化したCMSもある。

問題点の洗い出しと改善施策

　250万PVのメディアをいかにして1,000万PVにするかということで、現状の検証を始め、課題の洗い出しをしました。

　洗い出した問題点は、次のような感じです。

- おもしろくない
- コンテンツが少ない
- ターゲットが見えない
- マイナー感がある
- ユーザビリティが悪い
- 直帰率が高く、回遊率が低い

　メディアコンセプトは従来通り、「忙しいサラリーマンへ、情熱と癒やしを」だったのですが、私は新たに「情熱と癒やし＝美女」という裏コンセプトを立てました。私自身が「美女」と仕事をしたいという下心があったのは否定しませんが、すべてのコンテンツに「男の本音」を盛り込むことを徹底したかったのです。

おもしろくない

　「おもしろくない」とケチをつけるのは簡単ですが、実際におもしろいコンテンツを考えることは容易ではありません。しかし、コンテンツをおもしろくすることは、全体の骨組みとなるので最も注力すべき課題でした。「おもしろくする」というよりも「男の欲望」に忠実に考えるようにしました。

　「男の欲望」とは何か？　そこで「男の欲望＝モテたい」と定義しました。これは定義の内容の是非を問うものではありません。プロジェクトに関わる全員が共通認識として持つ、柱となるブレない明確な定義があることが重要なのです。

　そのために「美女を眺めながら、モテるようになるメディア」と宣言したのです。

コンテンツが少ない

　コンテンツを増やせばいいだけの話です。しかし、制作費は減額されていました。ではどうするか？　単価を安くしてコンテンツを増やさなければなりません。ただし、コンテンツの量を増やすことで質が落ちてしまっては元も子もありません。そのためには、企画をテンプレート（シリーズ）化して、いかに手間と時間をかけずに良質なコンテンツを制作していくかが勝負でした。

　そこで、特集を含め、すべての企画とデザインをテンプレート化しました。取材や撮影、原稿作成の工数を減らすことで効率化を図り、その分を企画に注力し、コ

ンテンツを増やしたのです。また、同じテンプレートでテーマを変えていくことで、結果的にユーザーのリピート率を上げることも狙いました。ミュージシャンが、同じ会場で同じセッティングにすることでコストを抑えながら、曲とアレンジを変えることで聴衆を驚かすような演奏をするイメージです。

そして、私はテンプレート化した次の5つの企画を「PV荒稼ぎ五大鉄板企画」と命名しました。毎号同じテンプレートなので、ページ数を増やしてもさほどコストはかからず、ページ遷移を増やす仕組みの企画にすることで、自ずとPVを増やすことに貢献したからです。その結果、総ページ数はリニューアル前の10倍くらいまで増やすことができました。

● PV荒稼ぎ五大鉄板企画
- 美女グラビア(ちょいエロな画像をひたすら並べる)
- 美女診断(質問に答えて美女との相性を占う)
- 美女座談会(美女を数人揃え本音トークを展開)
- 美女アンケート(アンケートを通して女性の本音を勉強)
- 美女ランキング(美女が好む価値観などを質問してランキング化)

ターゲットが見えない

「20〜30代の忙しいサラリーマン(男性)」というターゲット設定となっていましたが、ペルソナが漠然としていたので、細かく設定し直し、そのペルソナが日常的に求めるものは何か?という意識特長と行動特長を徹底的に追究しました。20〜30代のサラリーマンの主な関心事として「仕事」「恋愛」「お金」「趣味」「エンターテインメント」などのテーマは踏襲しつつも、そういったテーマにすべて「美女」を絡ませることにしました。なぜなら、精力旺盛な若い男子にとって、「美女」に勝る関心事はないからです(おっさんの私でもそうですが)。

マイナー感がある

予算の都合もあり、無名のタレントを起用したり、「企画で勝負だ!」とばかりに、毎回ヒネりすぎた企画で、サブカル感というかマイナー感が漂っていたので、メジャー感をどれだけ出すかということを考えました。

具体的には、毎月人気女優をキャスティングし、トップページを飾ってもらうことにしました。毎月の特集企画を女優が出演する映画と連動させることにしたのです。人気女優に登場してもらい、特集企画のテーマに沿ったインタビューとして成立させましたが、ただの映画の宣伝にならないように気をつけました。映画宣伝とバーターなのでノーギャラです。映画と連動することで映画会社や女優さんとWin-Winの関係を築きながらメジャー感を担保しつつ、PV数を増やしていきました。

ユーザビリティが悪い

　当時、まだフラットデザイン[※6]の考え方はありませんでしたが、雑誌的デザインや構成に引きずられたユーザーインターフェイスだったので、これを徹底してフラットでシンプルな設計にしました（コスト削減の意味もありました）。その際には、デザインに凝ることは避けて、ビジュアル面で「美女」をより美しく見せることだけにこだわりました。「美女」の撮影には一番こだわったため、制作費の中でも撮影費の占める割合がかなり高くなっていました。

直帰率が高く、回遊率が低い

　PVが250万で頭打ちになっていたのは、大手ポータルサイトからの流入があったものの、直帰率が高く、回遊率がほとんどなかったためでした。そこで、回遊率を高めるための設計をしました。今でいうレコメンドエンジン的な導線を張り巡らせました（手動でしたが）。そのため、サイト内リンクのキャッチコピーには特集企画以上に注力しました。

　その結果、一発回答で1,000万PVを達することができ、以後、平均で1,200万PVを維持し、半年後に「美女は好きですか？」という特集を組んだ月は、2,500万PVを達成するまでに成長しました。

PV数と広告収入の関係性

　KPIとしていた1,000万PVを達成したことで、タイアップ記事（今でいうネイティブ広告）が毎月入るようになりました。

- 座談会×飲料メーカー
- 振り向き美女×食品メーカー
- ファッション×診断×飲料メーカー
- グラビア×診断×ランキング×飲料メーカー
- 読者モデル×アンケート×ランキング×飲料メーカー

　といった形で、主に特集のテンプレートだった「PV荒稼ぎ五大鉄板企画」のスピンアウト企画が次々と生まれ、タイップ記事は全体のほぼ10％のPV数を稼ぐことに成功しました（たとえば総PV数が1,000万PVなら、タイアップ記事のPV数が100万PV）。

※6　**フラットデザイン**：デザインにおける余計な要素や細かい加工を排除して、シンプルでダイナミックなレイアウトや色使いをあしらったデザイン。代表的なものとして、Windows 8やWindows Phoneの「Modern UI」、iPhoneの「iOS 7」などのインターフェイスが挙げられる。

KPIを達成、その後は？

これでクライアントが最初に掲げた「1,000万PVあれば広告収入で回していける」というビジネススキームは無事成立したのでしょうか？　答えはノーでした。最終的には1,000万PVが5,000万PVになろうが、このメディアを存続させるのは困難という判断が下り、3年足らずで終了することになりました。

1,000万PVというKPIはあったものの、その先にあるKGIが定かではなかったためです。このメディアが成長した暁には、クライアントはさらに別のスポンサーと組んで、そこからの出資を元にECやO2O（Online to Offline）[7]と連動した事業拡大の構想があったようなのですが、そこに至る「大人の事情」もあり、志半ばで断念する結果になったのです。

そもそも1,000万PVなら広告収入で運営が継続する根拠はあったのか？　では最初に打ち立てたビジネススキームは何だったのか？　1億PVだったらECやO2Oの事業に拡張できたのか？　広告収入がいくらだったら存続したのか？……などなど、さまざまな疑問が湧いたのですが、そんな「大人の事情」を抜きにしても、私なりに反省する点はなかったか、振り返ってみました。

以下に記したのは、当時メディアを運営していたときに、メディア構築にあたってのやるべき施策としてプロジェクトメンバーと共有していた指針です。

❶ KPI（目指す目標は何なのか）

PV、UU、ECへのコンバージョン率

❷ コンテンツ力

いかにユーザーに喜ばれる記事を作るか。プレミアムなコンテンツ、物語化、ポリシーを貫く。内在的価値判断（釣りではない！）

❸ LPO（Landing Page Optimization）

いかにして読ませるか、回遊させるか。せっかく訪問した客を逃さないための施策（チューニング）

❹ CTR（Click Through Rate）

いかにして初めの一歩を踏ませるか。流入してきたときに目を惹くキャッチコピー、ビジュアルをチューニング

❺ PDCA（Plan Do Check Action）

顧客との密接な議論と絶え間ない改善提案。インキュベーション（育成）

※7　**O2O**：Online to Offlineの略。Web（オンライン）上での活動を実店舗（オフライン）の集客・購買に繋げる施策のこと。また、その逆に、オフラインでの働きかけによって、オンラインでの集客・購買に繋げる施策（Offline to Online）についても使われることがある。

しかし、何かが決定的に足りなかったのです。そして、何年か後に「Lean Analytics: KPIにしてはいけない8つの指標」[※8] という記事で次のような引用文を目にしてハッとしました。

> 追うべきでない(Vanityな)指標は、(数値の大きさから)楽しい気分にさせてくれる。しかし、あなたがどのように行動したらいいのかは教えてくれない。

指標にしていた1,000万PVというKPIは、広告主のためであって、ユーザーのためではなかったのではないだろうかと思ったのです。施策としては、確かにクライアントが設定するKPIを達成しました。しかし、その先にいるユーザーが何を求め、ユーザーとどんな形でエンゲージメントを結んでいくべきかという視点に欠けていたのではないだろうか、と。受注仕事の限界とはいえ、その先にあるべきKGIをなぜ想定しなかったか、と。

私はKPIとしてPV数を追いかけ、達成しながらも存続できなかった苦い体験をしました。メディアを運営するにあたって、今もPVやUUは重要な指標の1つとなっています。しかし、それ以上に忘れてならないのは、「そのメディアは何で利益を生み出すのか?」、そして「このメディアは誰のものか?」「誰にとって価値があるのか?」というKGIなのです。

クライアントと私が打ち出した施策は、限りなく広告に近い作業だったように思います。大手ポータルサイトからの流入に依存する形で、訪問したユーザーに対して、どれだけ目に止めてもらい、楽しんでもらうかばかりを気にした、いわゆる集客目的の単なる刹那なバイラル狙いのコンテンツだったのではないかということです。瞬間風速でもPV数が確保できていれば、広告主からの出稿が確保できたのですから。もし将来的にECやO2Oを想定していたのなら、それをKGIとして視野に入れたコンテンツ設計もあったはずです。

「近視眼的に広告主だけを向いたメディアに未来はない」というのが私が得た最大の教訓です。

※8 『Lean Analytics: KPIにしてはいけない8つの指標』:http://hivecolor.com/id/103。2013年に刊行された『Lean Analytics: Use Data to Build a Better Startup Faster』(Alistair Croll、Benjamin Yoskovitz 著／O'Reilly Media／ISBN978-1-4493-3567-0)を読んだ際に気になったことをメモしたエントリ。なお、日本語版は『Lean Analytics —スタートアップのためのデータ解析と活用法』(角 征典 訳、林 千晶 解説／オライリー・ジャパン／ISBN978-4-87311-711-9)として、2015年に刊行された。
※9 『人間の土地』(サン=テグジュペリ 著、堀口大學 訳／新潮文庫／ISBN978-4-10-212202-0)、p.249

『星の王子さま』の作者として有名なサン＝テグジュペリの作品『人間の土地』に有名な言葉があります[9]。

> 愛するということは、
> おたがいに顔を見あうことではなくて、
> いっしょに同じ方向を見ること

　メディアの運営者は、広告主と見つめ合うのではなく、一緒にユーザーを見つめなければならないのです。

PVは重要な指標ですが、決してゴールではありません。

6-8

コンテンツの有効活用

ワンソース・マルチユースで効率的なコンテンツ制作を

コンテンツをゼロからすべてオリジナルで制作するのはコストも時間もかかります。かといって、毎月数本ずつの配信では、なかなか狙ったターゲットに届きません。また、いくら内容が濃く価値のあるコンテンツでも、単発ではなく、ある程度の量を継続的に配信していく必要があります。しかも長期間にわたって。

そんなとき、できるだけ1本あたりのコストを下げる方法が「ワンソース・マルチユース」です。現在はコンテンツを配信するチャネルが数多く存在していますが、そのチャネルに合わせてユーザーに効果的に届ける必要があります。また、ユーザーの関与度によっても、コンタクトポイントが違ってきます。適切なコンテンツを、適切なターゲットに、適切なタイミングで効率よく届けることが、ワンソース・マルチユースの目的です。さらに、配信するコンテンツ制作者の予算やリソースに合わせて考える必要もあります。

では、ワンソース・マルチユースの流れをみていきましょう。

自社情報の整理と発信

コンテンツマーケティングを手がけたいが、どこから始めればよいのかわからないという場合は、自社が持つ基礎情報の整理と発信から始めるのがよいでしょう。すでにあるあなたの会社の基本情報をわかりやすく整理してユーザーの動向に合わせて、ブログやPDF、ニュースリリースにして配信します。

まず、ブログで何を配信していくかという方針を決めます。そして、誰がどのようなローテーションで書いていくか、体制を決め、スケジュールを立てます。何となく始めてしまうと途中でうやむやになり兼ねないので、必ず目標を設定した上で、運用体制と進行スケジュールを立てます。ブログを書き始めたら、その内容をPDFとしてダウンロード資料に落とし込めないかを考えます。もちろん、ブログを書く段階で、最初からPDF資料化を想定しておくと一石二鳥で手間が省けます。

ニュースリリースは定期的に配信しましょう。ニュースリリースというと事実だけを淡々と書いた無味乾燥な文面が多いのですが、あえて「つまらない」ニュースを出す必要はありません。おもしろおかしくする必要もないのですが、リリースを

読んでメディアが取り上げたくなるような、わかりやすくキャッチーな文章にすることを心がけたいところです。マスコミ向けのプレスリリースであれば、記者や編集者が自社メディアに合わせて書き直すための「素材」という考えも残っていますが、今は直接ユーザーに届けることができるのです。なるべく自分たちの言葉で直接ユーザーに響くような文章を考えるべきです。

　メールマガジンも同様です。一方的な無味乾燥な情報では、せっかく購読してくれたユーザーもすぐに開封してくれなくなります。メールマガジンの購読者は見込み客としてかなり顧客に近い階層にいる人たちなので、逃さないように興味を惹く文面となるような工夫を常に心がけましょう。ブログ、PDF、ニュースリリース、メールマガジンは、低コストで展開できるので、コンテンツマーケティングのスタート地点だと思って始めてみてください。

　そして、最初から作っておくと後々大きな効果が出てくるのがQ&Aです。自社の商品・サービスに関連する情報はすべてQ&Aとして成立します。これは、あなたの会社の商品やサービスについて宣伝をするのではなく、あくまでも==ユーザーの課題や疑問に答える形式にまとめることで、ユーザー視点のコンテンツにできる点がポイント==です。実際にQ&Aの制作から始めて、コンテンツマーケティングに成功している企業の事例は多くあります。先に紹介した三和メッキ加工や町田美容院は、その好例です。Q&Aを地道に蓄積していくことで、SEO的にもユーザーとのエンゲージメントの構築にも絶大な効果を発揮します。よいコンテンツが思い浮かばない、予算もないという場合は、ぜひQ&Aから始めてみてください。

サイト外からの導線強化（ソーシャルメディア）

　ブログで制作したコンテンツは、ソーシャルメディアでも活用しましょう。Facebook、Twitter、Instagram、LINE、SlideShare、YouTubeなどが主なソーシャルメディアです。ソーシャルメディアは、サイト外から新しいユーザーを呼び込むだけではなく、サイト内での回遊性も高めるので、そのための導線設計も同時に検討しましょう。

　ブログ（オウンドメディア）で展開するコンテンツは、同時にソーシャルメディアでの配信も想定して制作します。特にTwitterとFacebookは、最初から拠点となるブログ（オウンドメディア）の運営とセットで考えておきましょう。今やソーシャルメディアなくして、ユーザーにリーチすることはありません。また、最近急速に普及しているInstagramは、特に女性をターゲットとした企業には欠かせないソーシャルメディアになっています。日本では、LINEも忘れてはいけないソーシャルメディアです。プッシュで情報を届けられるだけでなく、スタンプや動画配信なども可能です。SlideShareは、Web上で企画資料や営業資料をスライド形式で見られ

るソーシャルメディアです。特にBtoBで浸透しつつあるので、ぜひ活用してみてください。セミナーや会議などで作成した資料や、ブログで紹介した記事をPDFにして、SlideShareにアーカイブしておけば、認知獲得にじわじわと効いてきます。私は自分が行ったセミナー資料を「企画書→ブログ→SlideShare」という流れで再生産することが多いのですが、順番が決まっているわけではないので、再生産がやりやすい順番で制作していけばよいでしょう。

コンテンツの強化 (動画)

　基礎情報の補足や実際に使うシーンなど、利用者の心理的障壁をより下げるためには動画コンテンツが最適です。

　会社の社長や社員が自ら登場して商品やサービスを説明する動画は、営業ツールとして効果的です。YouTubeでiPhoneをミキサーで粉々にした動画を紹介して世界中でバイラルし、一躍成長企業になったBlendtecという家庭用ミキサーの会社をご存知でしょうか[10]。衝撃的な動画ですが、製品の特長を一目で伝えています。まさに、百聞は一見にしかず、です。Blendtecのように、わざわざスタジオを借りたり、プロのカメラマンを起用して撮影する必要はありません。市販のビデオカメラやスマートフォンのカメラで十分です。自社で開催したセミナーをそのままウェビナー[11]として再利用してもいいでしょう。商品を紹介する動画でも、テレビCMのような撮影をする必要はありません。10秒〜20秒程度で撮影の流れのフォーマットを決めてしまえば、それほど手間とコストをかけないで制作できます。もちろん毎回1本1本撮り下ろさなくても、一度に10回分まとめて撮るようにすれば、コスト削減に繋がります。

　たとえばオロナインH軟膏の『さわる知リ100』は、数十秒で体験動画を見せるユニークな動画コンテンツの代表格です。今は「C CHANNEL」[12]や「AbemaTV」[13]のような動画専門メディアも出てきていますが、数秒でいろいろ楽しく見せる動画が急増しているので、参考にしてみてください。

※10　**Will it Blend? - iPhone 6 Plus**：https://www.youtube.com/watch?v=lBUJcD6Ws6s
※11　**ウェビナー**：WebとSeminarを組み合わせた造語で、Web上でセミナーを配信すること。単に動画を配信するだけではなく、PC画面を共有したり、観ている人のコメントがリアルタイム配信されるなど、インタラクティブな仕組みも導入されている場合が多い。
※12　**C CHANNEL**：p.071の脚注を参照。
※13　**AbemaTV**：同上。

さわる知リ100
http://shiri100.jp/

　動画はコンテンツとしての重要度が急速に増しています。Facebookがスタートアップの動画アプリの企業の買収※14に注力するなど、動画コンテンツが標準化する勢いです。サイバーエージェントの国内動画広告の市場調査※15によると、2015年の動画広告市場は506億円、前年比160%と大きな成長率を示しています。2016年はスマートフォン比率が46%を占めるようになり、2017年には1,000億円規模、2020年には2,000億円規模に到達すると見られています。

　動画コンテンツは、YouTubeはもちろん、FacebookやTwitterにも載せればバイラル性も高いので、コンテンツ強化において無視できない存在となっています。

バイラルの加速

　発信したコンテンツに対する反応を見つつ、さらに踏み込んだコンテンツを発信します。よりバイラル性の高いマルチメディア（動画やゲーム、アプリなど）やユーザー参加型のコンテンツ施策を図ります。

　バイラルを狙ったコンテンツは、認知獲得のためのカンフル剤として効果を発揮します。当たれば会社の経営方針を変えてしまうほど、その効果は絶大です。しかし、野球でいえばホームラン、ゴルフでいえばホールインワンを狙うようなものでもあります。

　バイラルを狙ったコンテンツの制作には、それなりのコストと時間がかかります。また、必ずしもバイラルすることが確約されるものではないので、投資対効果は高いとはいえません。バイラルコンテンツが得意なメディアや制作会社に相談・依頼してみるのもよいでしょう。

※14　**Facebookの動画アプリ企業の買収**：クラウド上の音源から動画を作れるEyegroove社や、スマートフォンでで動画撮影をした画像におもしろいフィルター効果を付け加えることができるMasquerade社などを買収し、動画コンテンツの強化に注力している。

※15　**サイバーエージェント、国内動画広告の市場調査を実施**：https://www.cyberagent.co.jp/news/press/detail/id=11208&season=2015&category=ad

商品・サービスの深い情報

　商品やサービスに関心を示したユーザーに向けて、より深度の深い情報を提供し、ロイヤルティの向上を図り、拡散を促進します。

　BtoBを対象とした施策では、事例紹介、ホワイトペーパー(白書)などの蓄積型コンテンツです。BtoCを対象とした施策としては、マーケティングオートメーション[※16]による見込み客へのコンテンツ提供などが考えられます。

　購買ファネルでいえば、かなり深い階層で購入の一歩手前の段階となります。

ワンソース・マルチユースの例

　たとえば、ある電気自動車メーカーのオウンドメディアを運営し、ワンソース・マルチユースで定期的にコンテンツを制作・配信していくとします。中心軸は日々更新されるブログですが、並行してさまざまなチャネルで活かせるコンテンツを考え、あらかじめ予算も計上した上で制作していきます。KGI(目標)は自動車開発のための資金集めと、電気自動車の普及のためのムード作りです。

● 基礎情報の整理と発信
- ブログ(毎日の開発状況のレポートやコラムなど)
- PDF(電気自動車が実現する社会)
- ニュースリリース(国内外の電気自動車の動向セミナー、説明会、学会などの定期告知)
- メールマガジン(開発状況と開発者のコラムなど)

● サイト外からの導線強化(ソーシャルメディア)
- Facebook(「おや? まあ! へえ～」と驚きをもたらし、シェアを狙った電気自動車に関するトリビアねた)
- Twitter(ブログやニュースリリースを告知)
- Instagram(開発状況を画像で紹介)

● コンテンツの強化(動画)
- 試乗レポート

※16　**マーケティングオートメーション**：マーケティングの各段階のアクションを自動化するための仕組みやプラットフォーム(ツール)のこと。顧客や見込み客に対して、どんなアクションをとったかを記録し、「価値のあるコンテンツを、適切なタイミングで、最適な方法で届ける」ことを目的に利用される。

・開発者の電気自動車の仕組み解説

● **バイラルの加速（ソーシャルメディア）**
・試乗レポート（ドラマ仕立てにしたり、タレントを起用したりして話題性を狙う）

● **商品・サービスの深い情報**
・ホワイトペーパー（電気自動車産業のレポートおよび開発への投資価値について）

　コンテンツマーケティングにおいて、コンテンツを制作することは長期戦になります。限られた予算でいかに効率よく配信していくかが、コンテンツマーケティングを成功に導くカギを握ります。ここで紹介したチャネル別コンテンツをすべて一気に実施する必要はありません。PDCAを回しながら、適切なコンテンツを、適切なターゲットに、適切なタイミングで配信していけるように制作していけばよいのです。

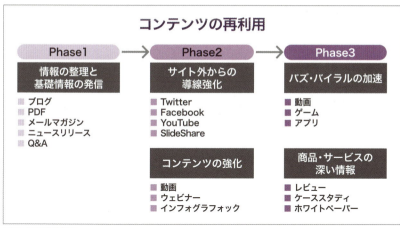

コンテンツの再利用

コンテンツは、計画的にリソースを活用すれば、費用対効果は高くなります。

6-9

コンテンツマーケティングが広告ではない理由

コンテンツマーケティングは広告の代替品ではない

すでに何度か触れていますが、コンテンツマーケティングを広告の代替施策と考えている方が依然として多くいます。中でも最も多いのが「リスティング広告が効かなくなってきているから」という理由です。広告に費やしていた予算をコンテンツマーケティング施策に回して、より効果的に売り上げに繋げたいというのは間違ってはいません。

ただ、コンテンツマーケティングと広告はそもそも、その目的や効果が違います。広告に期待していたような認知獲得や集客を期待すると「話が違う！」となるので、その役割と特性の違いを理解し、共有しておく必要があります。

コンテンツマーケティングがワインなら、広告はビールである

じっくりと時間をかけて醸成されたワイン。ソムリエという専門家がいるように、その奥深さと食事との組み合わせによって、さまざまな表情を見せます。

コンテンツマーケティングは、ワインのようにじっくりと時間をかけて、ユーザーと信頼関係を結ぶために、少しずつ変化しながら継続することで効果を発揮します。

とはいえ、そんなにじっくりと時間をかけている余裕はないという場合には、広告を併用するとよいでしょう。広告はビールのように宴の導入に効果的です。特に最近は、ターゲッティングメディア[17]との親和性が高いネイティブ広告が人気です。リスティング広告やリターゲティング広告の効果が薄れてきたと悩んでいるなら、人気のターゲティングメディアでネイティブ広告を試してみるのもよいでしょう。

---

[17] **ターゲッティングメディア**：ファッション、美容、ガジェット、音楽、サブカルチャーなど、ある特定のジャンルに絞ったメディア。コンテンツの収集方法によってキュレーションメディアとも呼ばれる。

コンテンツマーケティングがサボテンなら、広告サクラである

　サボテンは見かけも地味で、サクラやバラのように華やかさで注目を浴びることはありませんが、その生命力と癒やし力は植物の王様といえます。

　コンテンツマーケティングは、長期的視点に立つと、サボテンのようにユーザーにとって頼りがいのある強く長生きするメディアに育ちます。

　とはいえ、長期視点に立っている場合ではないという場合には、サクラのように短期間ながらも華やかに注目を浴びる広告を使ってもよいでしょう。時流に乗せて告知することで、より多くの人に認知してもらい、その存在を強烈にアピールすることができます。

コンテンツマーケティングがハンカチなら、広告はトイレットペーパーである

　涙を流したときはもちろん、お手洗いのあとや、いざとなったらお尻を拭くこともでき、何度も洗って使い回すことができるハンカチ。コンテンツマーケティングは、ハンカチのように長く大切につきあっていく恋人のような存在です。

　用を足すたびにハンカチを使うわけにもいかないというならば、短期間で認知してもらえる瞬発力とインパクトを与える広告がオススメです。トイレットペーパーのように、あっという間に流されてしまいますが、とても効果的です。

コンテンツマーケティングが必然の出逢いなら、広告は偶然の出逢いである

　コンテンツマーケティングは、ユーザーが求めるコンテンツを用意することで、必然の出逢いを演出します。そして、集まったユーザーの行動履歴を把握し、その属性を精査していくことでユーザーの優良顧客化に役立てます。

　必然の出逢いを演出できるのが価値のあるコンテンツであり、その価値のあるコンテンツを生むための拠点になるのがオウンドメディアです。

　必然の出逢いを期待して、ただ時間をかけて待っているだけでは、せっかくのチャンスを逃すかも？と不安なら、偶然の出逢いを演出する広告が強い味方となります。

　広告は、不特定多数のターゲットの中から、さまざまなチャネルを使って、企業の商品やサービスに興味をもった人に出逢う機会を創出します。

コンテンツマーケティングが家臣なら、広告は女王である

　コンテンツマーケティングは、ユーザーが困ったときや悩んだときに、いつでも相談に乗り、問題を解決してくれる家臣のような存在です。コンテンツマーケティングは、家臣の役割を果たして、初めてその存在感を発揮します。

　しかし、家臣だけの力で多くのユーザーにメッセージを伝えたり、信頼を得るには、かなりの時間と手間がかかります。

　そんなとき、より多くのユーザーにメッセージを届けるパワーと影響力を持つ広告の存在が不可欠です。広告は広く多くのユーザーにメッセージを届けるための、上意下達の女王的な存在なのです。

コンテンツマーケティングと広告の上手な併用

　コンテンツマーケティングは、コンテンツを提供し続けることで長期的に見込み客を生み出し、優良顧客を育成します。オウンドメディアを拠点にし、コンテンツマーケティングを実施すれば、行動履歴を把握することができる上に、自社でメディアをコントロールできるというメリットがあります。広告は、自社でユーザーの行動履歴を把握したり、メディアをコントロールしたりするのは難しいのですが、短期間で多くの認知・リードを獲得できるというメリットがあります。

　コンテンツマーケティングでどんなに魅力的なコンテンツを作っても、ユーザーに届かなければ意味がありません。そのコンテンツを効果的に拡散・偏在させるためには、広告を上手に活用する必要があります。

　目標設定に従って、コンテンツマーケティングと広告の関係を把握し、それぞれの役割や特性を理解した上で上手に組み合わせることが、コンテンツマーケティングの成功のカギを握ります。コンテンツマーケティングがデジタルマーケティングにおける万能薬のように勘違いしている人もいますが、決して「安上がりの広告」ではないのです。

コンテンツマーケティングが、広告よりも安上がりな施策という考えは捨てましょう。

6-10

Webの原稿料はなぜ安いのか

マネタイズできないメディアの事情

　Webメディアの仕事をするようになってから、昔からつきあいのあるベテランのライターやカメラマンに仕事を断わられるケースが増えています。制作費が安いためです。

　なぜそんなに安いのでしょうか？　利益を出すビジネススキームがきちんと確立されていないこともあるのですが、それ以上にコンテンツマーケティングやオウンドメディアの名のもと、薄っぺらいコンテンツの大量生産が蔓延しているからだと考えています。3万円の記事を10本制作するよりも、3,000円の記事を100本制作することが選択されているのです。

　「6-4　コンテンツの質を見極める」(p.214)でも説明したように、コンテンツの質と量の考え方は永遠の課題で、これで完璧という正解はありません。コンテンツ制作者はいろいろ試行錯誤をしながら、「愛されるコンテンツ」の制作を目指しています。しかしながら、さまざまなメディアに携わり、ユーザーの立場で見る限り、コンテンツを「作る」ことより、「埋める」ことが優先されている気がしてなりません。

原価はどうやって決まる？

芸能人の場合

　あるタレントのインタビューの仕事をいただいたときのことです。タレントに支払う取材謝礼が5,000円と提示され、私はこの額ではそのタレントに依頼できないと伝えました。

　たとえば、そのタレントに1時間のインタビューをしたとします。前後の移動時間やインタビュー後の原稿チェックの時間などを考えて5時間としましょう。マネージャーも付き添うので2人で5時間拘束となります。すると、2人で時給1,000円、1人当たり500円と考えれば、この謝礼設定がいかに非常識かが理解できると思います。売り出し中のタレントなどが、プロモーションの一環としてノーギャラで受けてくれるケースはあります。その場合は、最初から「プロモーションということで交通費のみでお願いします」という言い方で依頼することもあります。

242　6　知らぬは損だが役に立つWebコンテンツの真実

カメラマンの場合

1回の取材（半日拘束）で2万円だと、引き受けられないというカメラマンは結構います。これは、1時間の取材撮影だとしても、準備や移動を含めると4時間くらい拘束され、撮影後の写真のセレクトとレタッチなどが発生するからです。最近はレタッチありきで考える事務所や企業も多く、有名タレントになるとレタッチに丸1～2日かかることも少なくありません。このように撮影と事後処理を併せて丸2日かかると計算すると、2万円の仕事を毎日受けたとしても、月の半分の15件が上限となります。つまり、1カ月の総額が2万円×15本＝30万円が上限となるわけで、それだと引き受けられないということです。

ライターの場合

記事作成はどうでしょうか。自社メディアの場合は、2,000字の記事作成で3,000～5,000円の原稿料が相場になっています。Web上で素材を集めた二次情報の記事を2,000字書く場合、慣れたベテランライターが1日（8時間）に3本書けたとして、30日間書き続けて1万5,000円×30日＝45万円となります。しかし、これはかなり恵まれたケースでしょう。実際には、原稿チェックの戻しや修正対応などもあるので、あまり現実的ではありません。また、これだけの規模の仕事が、1人のライターに定期的に依頼されることも考えにくいです。

Webの企業ソリューションやメディアの場合、取材記事の原稿料は、安くて1万円、高くても3万円程度が相場です。取材準備で半日（4時間）、取材で半日（4時間）、原稿作成に1日（8時間）くらいはかかるので、2日（16時間）の仕事としましょう。原稿料が2万円だとして、1カ月フルで受けたとしても半分の15日が限界です。つまり、カメラマンの場合と同様に1カ月のギャラの総額が30万円となります。しかし、これも現実的にはあり得ないので、実際には20万円稼げれば御の字でしょう。

これがクラウドソーシングになると、2,000字で1,000円というのもザラにあるので、1,000円×3本×30日＝9万円です。しかも、1カ月で土日含めて一切休みがないという前提です。ライターになるための修行と考えている人や、自宅で隙間時間を有効活用したいという人ならともかく、すでにキャリアのあるレベルの高いライターがクラウドソーシングの仕事を受けるはずもありません。

また、クラウドソーシングには、プロの編集者がライターにつくことはまずありません。つまり、このような仕事では、ライターは大量の記事作成で書き慣れることはできても、何を基準にライティングスキルを磨いていけばいいのかという指標すら持てないのです。せいぜい「コピペがバレないように上手にリライトしろ」という程度です。これは、ただの消耗戦でしかありません。わんこそばのごとく、テーマとキーワードに沿って早く大量生産できることが求められます。クラウドソーシングの仕事をキャリアのステップアップと考えるのは、かなりの遠回りです。最近

では原稿が書けるAIも登場しているそうですから[※18]、この手のわんこそば記事の大量生産は、AIにやってもらえばよいのです。

　ここで紹介した制作費は、ライターやカメラマンに支払らわれる原価です。あなたが発注者の立場で、制作会社を通してコンテンツ制作を依頼している場合、そこに営業や編集者、ディレクターが入るため、2〜5倍の価格設定になります。記事作成の原価が5,000〜1万円だとして、そこにライターのキャスティング、企画、ディレクション、編集作業の行程が加わり、3〜5万円になると考えてよいでしょう。

コンテンツは「作る」ものであって、「埋める」ものではない

こんなたとえ話があります。

---

1 ここにレンガを揃えてあるから、この範囲に高さ5メートルの壁をなるべく早く積み上げろ。

2 このレンガ素材は◯◯で出来ている。なぜなら◯◯だから。このレンガを使ってなるべく効率よく5メートルの壁を積み上げろ。

3 このレンガはサグラダ・ファミリアを完成させるための特別なものだ。時間は問わないが失敗は許されない。できるだけ緻密に完璧に壁を積み上げろ。

　あなたがもしレンガ積みの職人だとしたら、どの指示が一番やる気が起きますか？　あなたがクリエイターなら、きっと**3**を選択すると思います。なぜなら、プロジェクトの全体像と目標が明確なので、自分がやる仕事のモチベーションが高まるからです。人は、目標の見えない単純作業にはすぐ退屈し、全体像が見えなければ高い付加価値を見出すのも難しいものです。

　コンテンツ制作者の中には、ヒアリングシートなどで、構成、文字数、段落、入れるキーワードなどを細かく設定しても、そのコンテンツがどんなメディアで、どのような目的で運営しているのか、ユーザーに何を届けたいのか、説明しない人がいます。それでは、**1**のようにひたすら壁を積むのと同じで、何のモチベーションも見出せないでしょう。

※18　**原稿が書けるAI**：p.077の脚注を参照。

まだクラウドソーシングで消耗してるの？

　クラウドソーシングは、「Webメディアのコンテンツ制作費は安い」という悪評を拡散し、ライターの地位を下げた元凶のシステムですが、編集者が介在していても、「安かろう悪かろう」のコンテンツ生産は後を絶ちません。これがネット上にクズ記事が大量発生する原因であり、制作費が上がっていかない要因の1つです。

　「お前たちは言われたパーツを埋めるだけでいいのだよ。代わりのライターはいくらでもいるので、イヤならやらなくていいよ」と。クラウドソーシングで細々と小銭を稼いでいて、まだ経験は乏しいものの、いつか稼げるライターになりたくて、スキルに自信がある人は、今すぐWeb制作会社や広告代理店やメディア運営会社のドアを叩くべきでしょう。また、ブログで自分が何を書けるかをアピールすることも有効です。

　クラウドソーシングでも豊富な経験と実績があれば、同じ土俵での評価は得られるかもしれませんが、付加価値を上げて十分に稼いでいけるライターになるためのステップにはなり得ないのです。コンテンツはネット上を「埋める」ものではなく、「作る」ものです。イケダハヤト氏風に言うなら「まだクラウドソーシングで消耗してるの？」[19]ということです。

「なんちゃってコンテンツマーケティング」で
大量生産されるテンプレートコンテンツ

　あるコンテンツエージェンシーから、「コンテンツマーケティング用のメニューを作ったので紹介したい」とお話をいただいたのですが、それはイラストのテンプレート集でした。年間契約すると、記事の内容に合わせて適切なイラストがフリー素材のように自由に使い放題という商品です。ああ、これは便利だ！……なんてなるわけがありません。どこにでもありそうな使い古されたクオリティの低いイラストに、中途半端なバリエーション。私は愕然としました。なぜこれがコンテンツマーケティングなのか？と。

　コンテンツマーケティングという名のもとに、一番多く提供されているのが、この手の大量生産系のテンプレートコンテンツです。クラウドソーシング然り、フリー素材然り、百円均一ショップのごとくチープな既成品による、メディアを「埋める」ためのテンプレートコンテンツの氾濫です。

※19　**まだクラウドソーシングで消耗してるの？**：プロのブロガーであるイケダハヤト氏のサイト名であり、著作名である「まだ東京で消耗してるの？」のもじり。イケダハヤト氏は、2014年6月に高知県に移住した際に、このサイト名に変更した。

これは誰のためでしょうか？　コンテンツ制作者にとっては、コストを安く抑えられるメリットがあるでしょう。では、ユーザーにとっては？　どうせタダで読むコンテンツだから期待していないから、この程度でよいということでしょうか？だとすると、何のためにコンテンツを発信しているのでしょうか？　さまざまな疑問が浮かびます。

コンテンツマーケティングを標榜しながら、クラウドソーシングを使ってコンテンツの大量生産を生業とする企業は多くあります。それを否定するつもりはありません。私たちは安くて便利な立ち食いそばや牛丼だって必要です。ステマの商品レビューやアフィリエイト用の提灯記事もコンテンツには違いありません。

ただ、はっきりしているのは「心を動かされない、愛されないコンテンツ」は、コンテンツマーケティングには必要ないということです。「穴埋め」のコンテンツで人の心は動きません。誰だって意中の人を初めてのデートに誘うとき、牛丼屋に連れて行かないはずです。牛丼屋のデートでは、相手の心を動かすことがふつうは困難だからです。

クリエイターを成長させるもの

私自身、現在はフリーランスのコンテンツディレクターとして生計を立てていますが、誰がやっても同じような付加価値を生まない仕事は引き受けないようにしています。それは、プライドではありません。そういう仕事を引き受けると同様の仕事が増え、それが中心になって結果的に稼げなくなってしまうからです。もちろん、高くなればそれだけのクオリティが求められるので、ときには想定外の時間を費やすこともあります。しかし、それは自分のスキルアップのためと割り切れます。「ライティング」という専門スキルが求められる仕事でありながら、単純作業のアルバイトの時給より安い仕事は、「暇つぶし」か「修行」でしかありません。

私はWebメディアでギャラが安すぎるときは、旧知の腕のいいベテランの起用を諦めるものの、できるだけ筋のよい新人ライターを育てながら起用するという方針でコンテンツ制作に取り組んでいます。そういう新人ライターを育てていくのも編集者の醍醐味です。

20代半ばでフリーランスの編集者兼ライターになったばかりでも、仕事のクオリティを見極めることで、常に月収50万円以上稼いでいる人もいます。稼げるようになるにはクリエイター自身の努力と才能に依るところはあるのですが、クリエイターを本当の意味で成長させるのは、コンテンツ制作者の「愛されるコンテンツを作ろうという志」なのです。そして、愛されるコンテンツを作る才能は、お金のあるところに集まってくるものです。

246　**6　知らぬは損だが役に立つWebコンテンツの真実**

したがって、私はいくら時間が空いていても、何も付加価値を生まない、自身の成長を促せない消耗戦には参加しません。そんな時間があったら、デートでおいしい食事をしたり、映画を観たり、カラオケで歌ったりすることを選びます。なぜなら、そのほうが自分のコンテンツ力が磨けると考えているからです。

安いコンテンツの寄せ集めで、
ユーザーから愛されることは決してありません。

6-11

ハイブリッドライターが求められる理由

これからのライターに求められる資質

　私自身が編集者として最も喜びを感じるのは、ほとんど実績のない新人ライターの才能を発掘し、一緒に成長するときです。大丈夫かな？と思いながらも、ドキドキワクワクする緊張感はクセになります。もちろん見込み違いで「金の卵」ではないことも多々あってヘコむこともありますが、その見極めも編集者として磨くべきスキルだと思っています。

　そういう意味で、やはりライターとして「向いている向いていない」という資質はあると思います。私はライターには次のような資質を求めます。

- 三度のメシより書くことが好き
- 読書が大好き（雑誌、マンガ、映画でもよし）
- 人に会うのが好き
- 思考がいつもポジティブ
- 好奇心が強い
- どんなことにもミーハー精神
- 細部にこだわる
- 常に＋αを心がける

　しかし、これからのライターは、これらの資質だけでは生き残れません。目指すべきは、編集者とプロデューサーの視点を持つハイブリッドライターなのです。特にWebメディアにおいては、編集者やライターという職種の棲み分けすらも意味をなさなくなってくると思います。なぜでしょう。

　出版不況といわれる時代ですが、実はライターにとって活躍の場はむしろ広がっています。しかし、原稿料の安さが大きな問題として立ちはだかっています。マネタイズに成功しているWebメディアは数えるほどしかありません。

　あるメディアの編集長をしている知人がセミナーを開催すると、いつも多い質問が「原稿料をもっと安くする方法はないか？」だそうです。知人は呆れながらも「コンテンツを安く作ることばかり考えていては、メディアは成長しません。お金をかけてでもよいコンテンツを作ることを考えてください」とビシッと言うそうです。

では、あなたの企業がよいコンテンツを作るには、どんなライターを起用すれば
よいのでしょうか？　また、ライターが安い原稿料に甘んじることなく稼ぐにはど
うすればよいのでしょうか？　それには、まずはライター自身がその役割を変えて
いく必要があります。それが、編集者とプロデューサーの視点を持つハイブリッド
ライターです。残念ながら、今後も原稿料自体の単価が上がっていくことはあまり
期待できません。そのためにもハイブリッドライターになる必要があるのです。そ
してコンテンツ制作者は、価値のあるコンテンツを制作するために、ハイブリッド
ライターを起用しなければ生き残っていけないのです。

　ハイブリッドライターが求められる背景には、次のようなことが挙げられます。

1 終わりなき出版不況
2 一般企業がWebメディアを持ち始めている
3 Webメディアには経験豊富な編集者が足りない
4 プロとアマチュアの境界線がなくなってきた

1 終わりなき出版不況

　雑誌が売れなくなり、広告収入が減れば、出版社は原価を下げることで利益を確
保しようとします。そして原価で最初に削られるのが原稿料なのです。「縮小」「削
減」に向かう死に体のメディアに依存することは、自らのライターとしての可能性
を削ぐことでしかありません。近年の『週刊文春』の勢いを知らない人はいないと
思いますが、彼らは「攻め」「拡張」路線で成功しています。雑誌が売れない時代だ
からこそ、投資をしてコンテンツ力を高めることで成功しているのです。

　お金がないからと、投資せずに原価を削ることしか考えない出版社に当然未来は
ありません。コンテンツに力を注がないメディアや、お金のないメディアに、人を
魅了する優秀な才能は集まらないからです。

2 一般企業がWebメディアを持ち始めている

　マスメディア、Webメディアともに広告の効果が薄れてきているのを背景に、企
業は自らメディアを持ち、情報を発信し始めています。これまで一般企業がテレビ
局や新聞社、出版社のようなマスメディアを持つことは困難でしたが、Webメディ
アを立ち上げるのは難しいことではありません。そこで企業発のメディアが次々と
生まれ、コンテンツを制作するニーズ、つまりライターの必要性が一気に高まった
のです。

ハイブリッドライターが求められる理由　249

③ Webメディアには経験豊富な編集者が足りない

　一般企業がWebメディアを簡単に持つことができるようになったとはいえ、コンテンツ制作のノウハウを持つには至っていません。そこで、企業はコンテンツを制作するパートナーを探すことになります。しかし、Web業界は編集者不在に慌てています。Webディレクターやデザイナーは数多くいますが、編集者？　どこにいるの？となっているわけです。

　そこでプロの編集者がいる出版社や編集プロダクションの出番なのですが、ベテランの編集者は紙メディアを中心にコンテンツ制作をしてきたため、往々にしてWebメディアの作法や勝手がわからず戸惑っています。それゆえに、==Webリテラシーの高いライターや編集者が重宝される==状況が生まれました。

④ プロとアマチュアの境界線がなくなってきた

　プロとアマチュアの違いは、書くことでお金を稼ぐか・稼がないかだけです。自分で情報が発信できるようになったため、プロの編集者やプロデューサーに認められる必要はないのです。ブロガーやアフィリエイターやYouTuberも、==お金を稼いで生計を立てていればれっきとしたプロ==なのです。

　現代は、アマチュアが趣味でプロと同じ土俵（Web）に立って情報を発信することができる時代なのです。そして、その価値はユーザーが直接決めるため、そのコンテンツを使ったのがプロなのか素人なのかは関係ないのです。HIKAKIN[20]やピコ太郎[21]が、あっという間に世界で有名になったのは、その象徴的な現象です。

ハイブリッドライターになるための能力

　では、ハイブリッドライターになるには、どのような能力を身に付けるとよいのでしょうか。発注する側としても、ハイブリッドライターの条件を知っておくことは「愛されるコンテンツ」を作るための近道です。

　次のような能力があると、ハイブリッドライターとして力強いです。

---

[20] **HIKAKIN**：YouTuber。YouTubeに4つのチャンネルを開設している日本のYouTuberの第一人者。多くのYouTuberが所属する事務所uuumのファウンダー。http://lineblog.me/hikakin/
[21] **ピコ太郎**：2016年にYouTubeに投稿した『ペンパイナッポーアッポーペン』（PPAP）が世界的なヒットとなり、紅白歌合戦にも出場した。「中の人」の古坂大魔王は、芸人・DJとしてはプロだが、PPAP自体は自腹で低コストで制作された。http://avex.jp/pikotaro/

1 Webメディアの特性を知る
2 企画力
3 ソーシャルメディア力
4 文章だけに限らない表現力（写真、動画、イラストなど）
5 得意な専門分野

では、それぞれ見ていきましょう。

1 Webメディアの特性を知る

Webメディアと紙メディアの違いとして、次のようなことがよくいわれています。

紙メディア	Webメディア
文字数制限が厳しい	文字数制限がゆるい
文章力の高さが問われる	文章力のチェックがゆるい
修正ができない	修正がすぐできる
原稿料が高い	原稿料が安い
編集のプロがいる	編集のプロがいない

実はこれらの違いは、メディアの特性としての違いではなく、「編集のプロがいない」ために起きている現象なのです。それゆえに、まだまだWebメディアには、クズ記事で埋め尽くされたアフィリエイトサイトやオウンドメディアが溢れているのです。つまり、紙メディアで当たり前とされている編集スキルを持つことは、Webメディアで大きなアドバンテージになります。

2 企画力

「仕事がない」というライターは「待っている」だけだからです。あるいは、ニーズに沿ったスキルを備えていないだけなのです。企業も出版社もWeb制作会社も広告代理店もみんな、コンテンツを制作するための企画をほしがっています。ユーザーを集めてくれる企画とコンテンツを探しまわっています。そして、何よりも企画を出してくれるライターを探しているのです。

企画力については、「Chapter 03　コンテンツ力を鍛える発想法」(p.080)で、具体的な手法を紹介しているので、ぜひ参考にしてみてください。

ハイブリッドライターが求められる理由　251

3 ソーシャルメディア力

Webライターとして生きていくためには、もはやソーシャルメディアの体験と知見は欠かすことができません。なぜなら、あなたが書いた記事はメディアに来る人に知ってもらうには、ソーシャルメディアを通してでしか拡散する手段はないからです。また、自ら体験しないでソーシャルメディアの住民の心を掴むこともできません。「郷に入っては郷に従え」の姿勢で、ソーシャルメディアの特性を知っておきましょう。

ソーシャルメディア	特性
Facebook	リア充・情報収集・友人のネットワーク
Twitter	本音・情報収集
Instagram	おしゃれ・リアル
Pinterest	おしゃれ・情報収集
LINE	パーソナル
MixChannel (ミクチャ)	おもしろさ・インパクト

主なソーシャルメディアの特性

4 文章だけに限らない表現力

Webメディアにおいては、表現手法の質はあまり問われません。人に訴求できるのは、見た目の美しさよりも心を動かすコンテンツです。ときには、プロが撮った写真や動画よりも素人のリアルなコンテンツのほうが強い訴求力を持つこともあります。プロとアマチュアの境界線がないWebメディアにおいては、必ずしもクオリティの高い文章や写真、イラストが求められているわけではないのです。コンテンツの質とは、表現手段の質ではなく、ユーザーにとって価値があるかどうかだけなのです。

「Webメディアは予算が少ないから、いいカメラマンを使えない」という話もよく聞きますが、逆にいえば素人の写真や動画でも、ちょっとしたコツを掴んだコンテンツがユーザーの心を動かすこともあります。その分野のプロになる必要はありません。「書く」以外のスキルもちょっとかじって身につけておくだけで、とても重宝されます。また、自分ではできなくても、知識として知っておくだけでもディレクション時に役立ちます。原稿料2万円＋撮影費3万円を払う予算はないという案件も、ライターが撮影を兼ねて3万円でやると言えば受注できるかもしれません。ただし、テクニック的なスキルがない分、ユーザーの心を動かす見せ方やメディア

に合った見せ方を学んでおく必要があります。写真や動画に限らず、イラスト、レイアウトやカラーのデザインなど、さまざまな表現力に当てはまります。

5 得意な専門分野

　紙メディアでも同じですが、文章の上手なライターより、専門分野に長けたライターのほうが生存能力もニーズも高いという現実があります。景気にもあまり左右されません。熱帯魚や鉄道が好きなマニアは、景気が悪くなっても一定数必ずいるからです。

　また、依頼主にとっても、文章の上手なライターを見極めるのは難しいものですが、その分野に強い、あるいはその分野のネットワークを持つライターはわかりやすいので、ニーズが発生したときの判断がしやすいのです。自分の好きな分野は誰にでもあると思います。ぜひそれを得意領域として磨いておくとよいでしょう。

売れるライターの条件

　紙だけ、Webだけ、待つだけ、書くだけというライターへの仕事はどんどん減り続けます。単価も下がる一方です。年収300万円以下で満足できるのであれば、従来の職業ライターに留まるのもよいでしょう。しかし、それではライターという職業のやりがいも喜びも半減してしまいます。

　最後に私が知る「稼げるハイブリッドライター」の例を紹介します。

リアル体験至上主義のNさん

　とにかく足を使う(リアル体験至上主義)ライターです。最近はWebから情報をかき集めだけで取材体験のない「こたつライター」も多く見られます。しかし、ライターの仕事としては、取材は基本中の基本です。取材とはすなわち「傾聴力」の訓練でもあります。人の意見や要望に耳を傾けて、それを多くの人に届くように料理をするのがハイブリッドライターの仕事です。

　私がNさんと始めて出逢ったのは、旅行誌の編集をしていたときでした。そのとき私は全国の観光名所を紹介する1ページのコラムの担当をしており、試しにそのコラムをNさんに依頼することにしました。旅行好きという割に旅行取材の経験もあまりないようだったのですが、話していて彼の考え方や取材に向き合う姿勢などに共感するところが多かったので、依頼してみようと思ったのです。

　そのコラムページは予算が少なく、旅行会社の観光パンフレットや各地方自治体

の資料や本などをまとめて書くというものでした。するとNさんは、資料集めはもちろん、現地名産のみかんを取り寄せて、みかんと合わせてその地の魅力を紹介する記事にまとめてきました。取材がないゆえに、少しでも「リアル」な魅力を伝えようと、彼自身の判断で「みかんの味を体験した」のです。彼の「リアルな体験」を交えたコラムは、まさにシズル感に富んだおもしろい記事に上がり、それまでは毎回違うライターに依頼していたコラムはNさんの連載企画としてやることになりました。そして、その後は特集企画でも一緒に組んで全国各地に取材に行くことが増えました。

　また、Nさんは「カメライター」という肩書きも持ち、撮影ができるライターだったので(好きで上手になった程度です)、予算の少ないちょっとした都内の取材のようなときには大変助かりました。

口出しの多いSさん

　もともと編集者ということもあり、企画について相談をすると、いつも必ず構成案を作ってきてくれます。私自身が考えた企画にスパイスとなるアイデアも提案してくれます。つまり、いかにしたら記事がよりおもしろくなるかを必ず一緒に考えてくれるのです。そういう企画に「口出しをする」ライターを面倒くさがる編集者もいますが、まともな編集者なら企画を一緒に考えてくれるライターを嫌がる理由はありません。また、Sさんは日本酒に関しては知らないことはないというほど造詣が深く、取材経験も豊富なので、自分にお酒の仕事が回ってきたときは、いつもSさんに丸投げしています。

リサーチ力とツッコミ力がハンパないIさん

　とにかく早い。Iさんは24時間パソコンの前で待機しているのではないかと思うくらい返事が早いライターです。この業界は返事の遅い編集者があまりにも多いので、こういうハイブリッドライターはとても貴重な存在です。また、リサーチ力とツッコミ力が高く、その細部に至る執拗なこだわり方は、人の粗探しが上手なのか？と疑うくらいです。さらに、腐女子的な雰囲気を醸し出していて、アニメやソーシャルメディアの知見が豊富です。デジタルネイティブ世代ということもあって、まさに次代のハイブリッドライターの典型と言えます。

　20代半ばで1年ほど海外留学をして、帰国後、編集者として就職活動をしたそうですが、なぜか10社以上に落とされてやむを得ずフリーのライターになったそうです。しかし、今では会社員時代の収入の倍以上を軽く稼ぐ売れっ子ハイブリッドライターとして活躍しています。

ハイブリッドライターが求められる理由、必要とされる能力などについて説明してきました。これからのコンテンツ制作者は、自分で書く・書かないに関係なく、愛されるコンテンツを制作するためにはハイブリッドライターの存在が欠かせないことを理解しておく必要があります。

「書く」以外の特技を身につけたハイブリッドライターが未来のWebメディアを担います。

6-12

Googleのアドバイスに
耳を傾けよう

価値あるコンテンツの指標

　Googleなどの検索エンジンで上位表示を狙うことを「SEO」(Search Engine Optimization：検索エンジン最適化)といいます。コンテンツをより多くのユーザーに届けるために、適切なキーワードと文脈でコンテンツを構築することは必須です。かつては、あこぎなSEO業者によるブラックハットSEO(自作自演の人工リンク)が全盛を極めましたが、Googleのアルゴリズムのアップデートによって、ほとんど見かけなくなりました。しかし、いたちごっこのように、今度はコンテンツの大量生産で上位表示を占めるという現象も起きています[22]。

　Googleの検索精度が向上したからといっても、SEOだけでは十分ではありません。コンテンツを広く多くのユーザーに届けるためには広告の活用も有効であり、投下する費用が増えれば露出も増え、影響力の強いメディアを使うこともできます。

　一方で、愛されるコンテンツは、必ずしも投下した費用に比例してすぐに成果(売り上げ)が出るとは限りません。そこで、できるだけ安く広くユーザーにリーチするために、クラウドソーシングや、コピペ記事を大量生産する「なんちゃってキュレーションメディア」が増えたというのは、繰り返し述べてきたとおりです。

　しかし、本来的に検索エンジンは、このような質の低い量産コンテンツを評価していません。

　「Googleウェブマスター向け公式ブログ」[23]のエントリ「良質なサイトを作るためのアドバイス」は、「価値のあるコンテンツとは何か」を示した指標といえます。このエントリを読むと、クラウドソーシングや一部のなんちゃってキュレーションメディアの多くが、コンテンツ制作においていかにGoogleのアドバイスに背いているかが見えてきます。

　ここでは「良質なサイトを作るためのアドバイス」から、特にコンテンツ制作者にとって、心得ておきたいことを一部抜粋して紹介します。さまざまなチェックポ

※22　**Googleのアルゴリズムのアップデート**：日本語検索のアルゴリズムのアップデートが発表されたが、内容の薄いキュレーションメディアなどが影響を受けたといわれている。「Google ウェブマスター向け公式ブログ：日本語検索の品質向上にむけて」(https://webmaster-ja.googleblog.com/2017/02/for-better-japanese-search-quality.html)

※23　**良質なコンテンツを作るためのアドバイス**：https://webmaster-ja.googleblog.com/2012/09/more-guidance-on-building-high-quality.html

256　**6　知らぬは損だが役に立つWebコンテンツの真実**

イントが具体的に記されていますが、結論は簡単です。「価値のあるコンテンツを作れ」ということです。以下は「良質なサイトを作るためのアドバイス」で挙げられている項目で、それ対して私なりの見解を記してあります。

● **あなたはこの記事に書かれている情報を信頼するか？**
誰が書いたかもわからず、責任の所在を明らかにしない記事をあなたは信用できますか？　また、その記事の内容に関して一切責任を負わないと明言する運営会社のメディアを信頼できますか？

● **この記事は専門家またはトピックについて熟知している人物が書いたものか？それとも素人によるものか？**
素人がアフィリエイト目的で無料で書く記事や、1本数百円で書いたと思しき情報源が不明のコピペの二次情報を信用できますか？

● **このサイトで取り扱われているトピックは、ユーザーの興味に基いて選択されたものか？　それとも検索エンジンのランキング上位表示を目的として選択されたものか？**
ユーザーのためか、Googleのためか。結果的に両者のためになっていても、制作するときの意識の違いは、コンテンツが蓄積してきたときに企業やメディアのブランディングに大きく影響してきます。コピペ記事でも1記事1万～2万字の記事を大量生産すれば検索で上位表示される現実がありますが、それは従来のブラックハットと同様にGoogleを欺いているだけで、ユーザーのために制作されたものではありません。

● **この記事は独自のコンテンツや情報、レポート、研究、分析などを提供しているか？**
外部リンクの多さがGoogleの1つの評価基準になっているのは、そのコンテンツが参照・引用される価値のあるコンテンツとみなしているからです。Googleはコピペを軸とした二次情報に高い価値を見出していません。オリジナリティのない100本の二次情報の記事より、独自の記事1本を重視していることがうかがえます。

● **コンテンツはきちんと品質管理されているか？**
● **記事はしっかりと編集されているか？　それとも急いで雑に作成されたものではないか？**
編集者不在のコンテンツの品質管理は誰がするのでしょうか？　メディアの運営

者がコンテンツの品質に責任を負わないのであれば、著者は負っているのでしょうか？　間違った医薬事医療機器関連のアドバイスが書かれた記事をユーザーが信じて、もし誰かが病気を悪化させたり、死んでしまったりした場合、誰が責任を負うのでしょうか？

● **このサイトは、そのトピックに関して第一人者（オーソリティ）として認識されているか？**

二番煎じのコピペ記事が主体のコンテンツファームである限り、オーソリティにはなり得ません。また、Googleのアルゴリズムのアップデートにより、いずれは上位表示されなくなるはずです。

● **記事が短い、内容が薄い、または役立つ具体的な内容がない、といったものではないか？**

ある企業がクラウドソーシングを通して、1本800円で「コンテンツマーケティングに関する記事」を書くライターの募集をしていました。あなたがコンテンツマーケティングのプロだとしたら、この仕事を受けるでしょうか？　あなたは1本800円で書かれたコンテンツマーケティングに関する記事を読みたいと思いますか？　このような素人がお小遣い稼ぎに書くコンテンツが大量生産されているのです。

● **サイト内に同一または類似のトピックについて、キーワードがわずかに異なるだけの類似の記事や完全に重複する記事が存在しないか？**

「下手な鉄砲も数撃ちゃ当たる」という考えで、同じような記事が何本も量産されていないでしょうか。これも単純なことで、同じ記事が何本もあることが、ユーザーの利益と合致しているかどうかと考えれば一目瞭然です。

● **この記事にスペルミス、文法ミス、事実に関する誤りはないか？**

たとえば数人のスタッフで、1日50本、月1,500本の記事を大量生産していれば、スペルミスや文法ミスは避けられないでしょう。雑誌や書籍のように限られた器の中でどんなコンテンツを盛り合わせるべきかと「質」と「配分」を考えるより、どれだけ多くのコンテンツを配信するかという「量」のみが優先されているのが、Webメディアの現状です。「量より質」がGoogleからのメッセージです。なぜなら、ユーザーにとっての　利益は「量」ではないからです。